T0208521

essentials

essentials liefern aktuelles Wissen in konzentrierter Form. Die Essenz dessen, worauf es als „State-of-the-Art" in der gegenwärtigen Fachdiskussion oder in der Praxis ankommt. *essentials* informieren schnell, unkompliziert und verständlich

- als Einführung in ein aktuelles Thema aus Ihrem Fachgebiet
- als Einstieg in ein für Sie noch unbekanntes Themenfeld
- als Einblick, um zum Thema mitreden zu können

Die Bücher in elektronischer und gedruckter Form bringen das Expertenwissen von Springer-Fachautoren kompakt zur Darstellung. Sie sind besonders für die Nutzung als eBook auf Tablet-PCs, eBook-Readern und Smartphones geeignet. *essentials:* Wissensbausteine aus den Wirtschafts, Sozial- und Geisteswissenschaften, aus Technik und Naturwissenschaften sowie aus Medizin, Psychologie und Gesundheitsberufen. Von renommierten Autoren aller Springer-Verlagsmarken.

Weitere Bände in der Reihe http://www.springer.com/series/13088

Petra Schling

Der Geschmack

Von Genen, Molekülen und der
faszinierenden Biologie eines der
grundlegendsten Sinne

 Springer Spektrum

Petra Schling
Biochemie-Zentrum
Universität Heidelberg
Heidelberg, Deutschland

ISSN 2197-6708   ISSN 2197-6716   (electronic)
essentials
ISBN 978-3-658-25213-7   ISBN 978-3-658-25214-4   (eBook)
https://doi.org/10.1007/978-3-658-25214-4

Die Deutsche Nationalbibliothek verzeichnet diese Publikation in der Deutschen Nationalbibliografie; detaillierte bibliografische Daten sind im Internet über http://dnb.d-nb.de abrufbar.

Springer Spektrum

Springer Spektrum ist ein Imprint der eingetragenen Gesellschaft Springer Fachmedien Wiesbaden GmbH und ist ein Teil von Springer Nature
Die Anschrift der Gesellschaft ist: Abraham-Lincoln-Str. 46, 65189 Wiesbaden, Germany

Was Sie in diesem *essential* finden können

- Die biologische Definition des Geschmacks und einen Überblick über die beteiligten Zellen und Moleküle
- Moleküle, Rezeptoren und Signalwege zu den einzelnen Geschmacksrichtungen und trigeminalen Reizen
- Die Bedeutung des Geschmacks für das Leben und Überleben
- Geschmackstäuschungen aus der Natur und dem Lebensmittel-Labor
- Ausblick in die neuesten Erkenntnisse zu der Bedeutung von Geschmacksrezeptoren abseits des Mundes

Vorwort

Dieses *essential* basiert auf Vorlesungen für Studierende der Biologie und Medizin und an Kinderunis, die ich seit etwa 10 Jahren halten darf. Natürlich ist dieser Text deutlich ausführlicher, als es eine Doppelstunde Vorlesung jemals sein könnte. Lassen Sie sich bitte nicht durch die vielen Abkürzungen abschrecken. Diese brauchen Sie nur zu kennen, wenn Sie sich für eines der Moleküle intensiver interessieren. Die dargestellten Informationen stammen nicht aus eigener Forschung, sondern sind allesamt aus Publikationen anderer zusammengetragen. Diese finden Sie im Literaturverzeichnis. Den Autoren dieser Artikel gilt mein Dank, ohne sie wäre dieses *essential* nie zustande gekommen. Das derzeitige naturwissenschaftliche Verständnis davon, wie die Dinge sind, kann jedoch immer nur eine Momentaufnahme sein. Naturwissenschaftliche „Fakten" werden ständig von kritischen Menschen überprüft und nicht selten von diesen auch widerlegt. Was heute als gesichertes Wissen gilt, kann morgen schon überholt sein. Dieses *essential* soll Ihnen einen Überblick über den aktuellen Stand der Forschung zum Thema Geschmack geben. Seine Aussagen sind aber nicht in Stein gemeißelt und tragen sicher auch meine ganz persönliche subjektive Note. Ich freue mich daher über jede Art von Kommentaren, die Sie zu dem Text loswerden wollen. Nur durch Ihren kritischen Blick kann eine weitere Auflage der Wahrheit noch näher kommen.

Das Thema Geschmack ist natürlich eng mit Ernährung verknüpft. Und beim Thema Ernährung wird oft weitab von naturwissenschaftlichen Erkenntnissen heftig über Gut und Böse, Richtig und Falsch diskutiert. Essen ist dabei oft wichtiges Mittel zur Identitätsbildung und Abgrenzung von den Anderen (Klotter 2016). In diesem *essential* soll Geschmack und damit auch Ernährung jedoch aus der biologischen Notwendigkeit heraus betrachtet werden, essenzielle Nahrungsbestandteile von Giften zu unterscheiden. Dabei ist Chemie nichts Schlechtes und

„Bio" ist nichts Gutes. Ob ein Molekül in einem chemischen Labor hergestellt wurde oder von einem Lebewesen, ob es aufgereinigt wurde (Kristallzucker) oder nicht („natürlicher" Zucker in Fruchtsaft), ändert nichts an dem Molekül und seiner Wirkung. Einziges Kriterium bei „Bio" ist, dass das Molekül von einem Lebewesen synthetisiert wurde. Gerade die Natur hat aber die stärksten Gifte überhaupt „erfunden" und Pflanzen und Tiere wollen nicht von uns gegessen werden. „Chemie" in Lebensmitteln hat diese sicherer gemacht (DKFZ 2016) und lässt die Neuerkrankungs- und Sterberaten an Magenkrebs kontinuierlich sinken (Robert Koch-Institut 2017). Veränderungen am Erbgut auch durch die Gentechnik haben aus giftigen Pflanzen genießbare Nahrungsmittel gemacht. Unbestritten hat die Nahrungsmittel-Industrie nicht nur Gutes hervorgebracht. So wurde die Grünung von Gemüsekonserven schon 1887 wegen der bekannten Giftigkeit des verwendeten Kupfersulfats verboten. 1928 wurde sie wieder zugelassen, damit das einheimische Gemüse neben der Konkurrenz aus dem Ausland nicht so farblos aussah (Goldstein 1954). Und das giftige Kupfersulfat ist auch heute noch eines der meistverwendeten Pestizide im Biolandbau, obwohl spezifischere und für Nützlinge schonendere Pestizide aus dem Chemie-Labor zur Verfügung stehen (Kaufmann 2016).

In diesem Sinne: Lassen Sie sich an der Nase – nein, an den Geschmacksknospen! – herumführen und genießen Sie es!

Petra Schling

Inhaltsverzeichnis

Geschmack aus Sicht der Biologie

1

Das deutsche Wort „Geschmack", wie auch das englische „taste", beschreiben im alltäglichen Sprachgebrauch diverse Inhalte, vom „Mode-Geschmack" über „geschmacklose Wortwahl" bis zu dem „Geschmack von Schokolade". Hier soll es jedoch nicht um die Beschreibung sozialer Normen, sondern um einen biologischen Sinn gehen. Also trifft das dritte Beispiel doch den Kern, oder?

1.1 Abgrenzung des Geschmacks von anderen Sinneseindrücken

Auch der „Geschmack von Schokolade" beinhaltet mindestens drei, manchmal vier unterschiedliche Sinneseindrücke, die sich erst durch Ihr gemeinsames Auftreten und Wahrnehmen im Gehirn zu dem einzigartigen Schokoladengeschmack ergänzen (s. Abb. 1.1A):

- die Textur, die durch Tastsensoren in Kombination mit z. B. Lutsch-Bewegungen vermittelt wird;
- der Geruch der Moleküle, die durch die Wärme und das Lutschen oder Kauen in die Gasphase freigesetzt werden und vor allem über den Rachenraum („hinten herum") in die Nase gelangen;
- der Geschmack im eigentlichen Sinn, der durch die Geschmacksknospen und darin enthaltenen Geschmackssinneszellen erkannt wird; und
- Schmerzreize, auf die freie Nervenendigungen im Mundraum reagieren und die durchaus in so manch einer Schokolade ganz bewusst integriert werden.

© Springer Fachmedien Wiesbaden GmbH, ein Teil von Springer Nature 2019   1
P. Schling, *Der Geschmack,* essentials,
https://doi.org/10.1007/978-3-658-25214-4_1

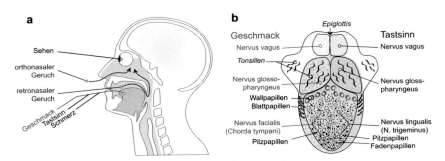

Abb. 1.1 Anatomische Lage der Sinne im Kopf: **A** Übersicht, **B** Zunge. (Die unterschiedlichen Geschmacksrichtungen können dabei über die ganze Zunge verteilt erkannt werden, von den Wall- und Blattpapillen bis zur Zungenspitze. Die Tastempfindlichkeit nimmt jedoch von der vorderen Zungenspitze bis nach hinten hin ab.). (Quelle: eigene Darstellung)

Was wir also meist als Geschmack bezeichnen, meint das englische „flavor": eine Kombination aus Geruch, Geschmack, Tast- und manchmal auch Schmerzempfinden. Dabei beeinflussen diese vier Sinneseindrücke Appetit und Essverhalten jedoch ganz unterschiedlich (Boesvels und de Graaf 2017). Es lohnt sich also der Versuch, diese Sinne zu trennen. Wenn wir uns Worte aus dem Lateinischen und Griechischen leihen, dann lassen sich unsere Wahrnehmungen von Nahrung semantisch genau in gustatorisch (Schmecken im eigentlichen Sinne), olfaktorisch (Riechen), epikritisch (Tastsinn zur Berührung und Erkundung) und protopathisch (Temperatur und Schmerz) unterscheiden.

Schwieriger ist eine experimentelle Unterscheidung im wahren Leben. Den Einfluss des Geruchs können Sie noch recht einfach ausschalten, indem Sie sich eine Nasenklemme aufsetzen. Den Einfluss des Tastsinns auszutricksen, ist schon schwieriger: hier müssen Vergleichsspeisen so zubereitet werden, dass sie sich in der Textur möglichst gar nicht unterscheiden. Und sollen Schmerzreize das Experiment nicht beeinflussen, müsste der entsprechende Nerv (trigeminale Anteile des Nervus lingualis) mit Lokalanästhetika gehemmt werden. Dies ist experimentell kaum umzusetzen, da sich den trigeminalen Nervenfasern im Bereich der Zunge auch Anteile des Nervus facialis anlagern, die die eigentlichen Geschmacksinformationen der vorderen zwei Zungendrittel weiterleiten (s. Abb. 1.1B). Hemmt man also den Schmerzreiz über Lokalanästhetika, dann ist auch der Geschmackssinn eingeschränkt. Eine andere Variante ist daher die Desensitisierung von Schmerz-Fasern durch eine chemische Überstimulation mit Capsaicin (s. auch weiter unten in Abschn. 2.4). Capsaicin betäubt nur die Nerven, die die entsprechenden Hitze-Rezeptoren besitzen und lässt die Geschmacksnerven in Ruhe.

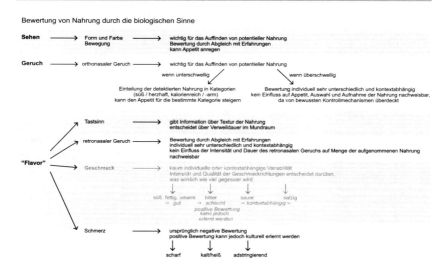

Abb. 1.2 Einfluss der verschiedenen Sinnesmodalitäten auf unsere Nahrungssuche (Appetit), Nahrungsauswahl und -aufnahme; Quelle: eigene Darstellung

Die bisherigen Experimente scheinen dabei folgenden Schluss zuzulassen: Werden die Probanden gefragt, ob sie eine Speise geschmacklich gut finden, dann sind Aussehen, Geruch, Textur und der ein oder andere wohlplatzierte Schmerzreiz entscheidend. Wenn jedoch im Experiment gemessen wird, wie viel von der Speise tatsächlich gegessen wird, dann entscheidet einzig und allein die gustatorische Wahrnehmung, also der Geschmack im engeren Sinne (s. Abb. 1.2).

1.2   Papillen und Knospen: ein genauerer Blick auf die Zunge

Geschmack entsteht, wenn chemische Stimuli, also bestimmte Moleküle, an Rezeptoren auf spezialisierten Sinneszellen der Zunge binden. Diese Geschmackssinneszellen sitzen in sogenannten Geschmacksknospen (s. Abb. 1.3B), in denen 50–100 solcher Zellen wie die Segmente einer Orange angeordnet sind (Chaudhari und Roper 2010). Auf der Zunge sind die Geschmacksknospen in den Papillen (Blatt-, Wall- und Pilzpapillen) angeordnet (s. Abb. 1.1B und 1.3A). In anderen Teilen des Munds können Geschmacksknospen aber auch frei in der Schleimhaut vorkommen.

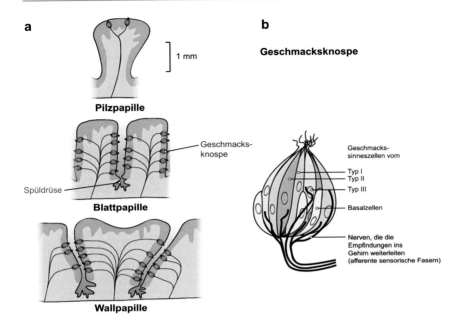

a

]1 mm

Pilzpapille

Geschmacks-
knospe

Spüldrüse

Blattpapille

Wallpapille

b

Geschmacksknospe

Geschmacks-
sinneszellen vom

Typ I
Typ II
Typ III

Basalzellen

Nerven, die die
Empfindungen ins
Gehirn weiterleiten
(afferente sensorische Fasern)

c   **Geschmackssinneszellen**

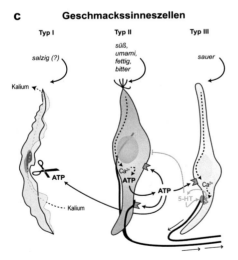

Typ I   Typ II   Typ III

salzig (?)   süß,
                        umami,   sauer
                        fettig,
                        bitter

Kalium

ATP   Ca²⁺
                        ATP
                              ATP   Ca²⁺
Kalium   5-HT

Abb. 1.3 **A** Geschmackspapillen der Zunge, **B** Geschmacksknospe, **C** unterschiedliche
Typen von Geschmackssinneszellen. (Quelle: eigene Darstellung)

Jede Geschmacksknospe hat ein ähnliches Repertoire an unterschiedlichen Geschmackssinneszellen, sodass sich die Geschmacksempfindungen an den unterschiedlichen Stellen der Zunge nicht wesentlich unterscheiden. Die Zungenspitze und der Zungenrand sind wegen der dort gehäuft vorkommenden Papillen etwas empfindlicher gegenüber allen Geschmacksrichtungen.

Die länglichen Zellen der Geschmacksknospen haben direkten Kontakt mit dem Speichel und damit der Außenwelt. Sie müssen Schwankungen in Temperatur, pH und Salzgehalt widerstehen und haben auch manchmal Kontakt mit giftigen Substanzen. Ihre Lebenszeit ist daher begrenzt und sie werden kontinuierlich aus sogenannten Basalzellen regeneriert. Neben den Basalzellen werden drei unterschiedliche Typen an Geschmackssinneszellen unterschieden, die (nicht sehr einfallsreich) Typ I, II und III genannt wurden (s. Abb. 1.3C).

Typ I-Zellen sind die häufigsten Zellen in einer Geschmacksknospe und scheinen vor allem mit Aufräumen beschäftigt zu sein. Sie entfernen all die Stoffe aus den Zellzwischenräumen, die sich bei der aktiven Geschmackswahrnehmung anhäufen: v. a. Kalium-Ionen und Neurotransmitter. Möglicherweise sind es jedoch auch genau diese Typ I-Zellen, die für den Salz-Geschmack verantwortlich sind.

Typ II-Zellen sind klassische Sinneszellen, die Rezeptoren für je eine der Geschmacksrichtungen süß, umami, fettig oder bitter exprimieren. Die Rezeptoren sitzen auf Zell-Ausstülpungen an ihrer obersten Spitze, die wie ein Haarschopf aus der Geschmacksknospe herausragen. In anderen Organen werden diese Zellen deswegen auch manchmal „Tuft cells", also Schopfzellen, genannt. Werden sie mit den entsprechenden Geschmacksmolekülen stimuliert, dann steigt in ihrem Inneren die Konzentration an Calcium-Ionen (Ca^{2+}) an und sie schütten über Poren in der Membran den Botenstoff Adenosintriphosphat (ATP) aus. Dieses ATP wirkt zum einen auf die Sinneszelle selbst zurück, aktiviert aber auch die assoziierten Nerven sowie benachbarte Sinneszellen, und wird zum Schluss von den Typ I-Zellen abgebaut.

Typ III-Zellen ähneln echten Nervenzellen, indem sie nach Stimulation und entsprechendem Anstieg der Calcium-Konzentration Vesikel mit den Botenstoffen Serotonin (5-HT) und Noradrenalin ausschütten. Serotonin wirkt direkt an der Synapse auf die assoziierte Nervenfaser, kann aber auch benachbarte Typ II-Sinneszellen erreichen und deren Aktivität hemmen. Typ III-Zellen sind für Erkennung und Weiterleitung von Sauer und auch dem bitzelnden Gefühl von Sprudel verantwortlich. Gleichzeitig reagieren Typ III-Zellen jedoch auch auf das ATP aus den Typ II-Zellen, werden also bei süß, umami, fettig und bitter miterregt.

Obwohl also einzelne Geschmackssinneszellen ursprünglich für nur eine Geschmacksrichtung spezifisch sind, wird es durch die enge Verpackung innerhalb der Geschmacksknospe und die vielfältige Kommunikation zwischen den verschiedenen Zelltypen bereits auf Ebene der Zunge kompliziert. Wie diese komplexen Muster an Signalen in den Nerven codiert und im Gehirn entschlüsselt werden, ist noch völlig ungeklärt.

Geschmacksrichtungen 2

Nach unserer Definition aus dem ersten Kapitel ist all das eine Geschmacks-richtung, was wir ohne Beteiligung von Nase oder Augen und ohne Tast- oder Schmerzsinn wahrnehmen können. Idealerweise sollte eine Zelle in einer Geschmacksknospe verantwortlich sein, die spezifische Proteine als Rezeptoren exprimiert und nach Stimulation eine Signalkaskade in Gang setzt, die sich bis in die speziellen gustatorischen Nerven messen lässt.

Einige Geschmacksrichtungen sind hier so gut wie sicher: süß, umami, fettig, bitter und sauer. Niemand würde „salzig" absprechen wollen, dass es ein echter Geschmack ist, aber bisher ist weder der Zelltyp sicher identifiziert, noch die Signalkette verstanden. Wässrig ist auch noch nicht abschließend verstanden, aber wahrscheinlich auch ein Kandidat für eine echte Geschmacksrichtung. Nicht zum Geschmack, sondern zu Schmerz- und Temperaturwahrnehmung gehören scharf und adstringierend.

2.1 Unsere Lieblinge: süß, umami und fettig – von Naschkatzen, Kolibris und griechischem Joghurt

Da Nahrung in unserer evolutiven Vergangenheit meist knapp und nur mit erheb-lichem Risiko zu beschaffen war, sind wir Menschen und viele andere Tiere dar-auf spezialisiert, hochwertige Nahrung nicht zu verschmähen, wenn sie sich uns bietet. Und was ist hochwertig? Nun, aus evolutiver Sicht vor allem energiedichte Nahrung mit den drei Makronährstoffen: Kohlenhydrate, Fette und Proteine.

Kohlenhydrate sind aus Zuckerbausteinen aufgebaut und spätestens nach kräf-tigem Kauen und Durchspeicheln im Mund werden daraus die süß schmecken-den Zuckermoleküle freigesetzt. Bei Fetten und Proteinen ist es ähnlich. Wir

© Springer Fachmedien Wiesbaden GmbH, ein Teil von Springer Nature 2019
P. Schling, *Der Geschmack,* essentials,
https://doi.org/10.1007/978-3-658-25214-4_2

können nicht das große Molekül, aber die Bruchstücke schmecken, die durch entsprechende Verdauungsenzyme aus dem Speichel schon im Mund in geringen Mengen freigesetzt werden. Alle drei Geschmacksrichtungen und auch bitter (s. unten bei Abschn. 2.2) werden von Typ II-Geschmackszellen registriert, die jeweils für eine der Molekülklassen den passenden Rezeptor exprimieren (s. Abb. 2.1).

Sobald das „richtige" Molekül an den jeweiligen Rezeptor andockt, aktiviert dieser das innen angehängte Protein Gustducin, welches vom Rezeptor abdissoziiert und zu einem weiteren Membranprotein, der Phospholipase C (PLC)

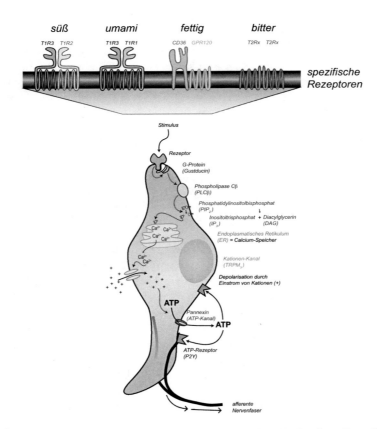

Abb. 2.1 Rezeptoren und Signalweg in Typ II-Geschmackszellen. (Quelle: eigene Darstellung)

diffundiert und diese aktiviert. Die PLC ist ein Protein, das die Spaltung des Membranlipids Phosphatidylinositol-4,5-bisphosphat (PIP$_2$) in zwei Bruchstücke beschleunigt, von denen eines, das Inositol-Trisphosphat (IP$_3$), wasserlöslich ist und sich im Zellinneren verteilen kann. Hier trifft es auf einen Kanal in einem inneren Zellorganell, dem sogenannten Endoplasmatischen Retikulum (ER). Das ER ist der wichtigste intrazelluläre Calcium-Speicher einer Zelle. IP$_3$ öffnet diesen Kanal und Calcium-Ionen strömen in das Zellinnere aus. Diese Calcium-Ionen wiederum öffnen einen Kationen-Kanal in der Plasmamembran, den TRPM5, der nun Kationen, vor allem Natrium-Ionen, von außen in die Zelle einströmen lässt. Der Einstrom von positiven Ladungen erregt die Zelle elektrisch und lässt ATP-Kanäle aufgehen, die ATP aus dem Zellinneren nach außen strömen lassen, wo sie u. a. die assoziierten afferenten Nerven aktivieren. Wie eine Dominoreihe stupst also ein Bote den nächsten an – mit dem Unterschied, dass in der Signalkette Verstärkungsfaktoren eingebaut sind: So aktiviert ein Rezeptor mehrere Gustducine, eine PLC spaltet viele PIP$_2$, die mehrere Calcium-Kanäle öffnen und sehr, sehr viele Calcium-Ionen freisetzen, etc. Es reichen also schon wenige Geschmacksmoleküle, um in einer Geschmackszelle eine Lawine loszutreten und diese zu erregen.

Dabei sind die Rezeptoren für die Geschmacksmoleküle jeweils aus zwei einzelnen Proteinketten aufgebaut. Der Süß- und der Umami-Rezeptor teilen sich sogar eine dieser Ketten: die Kette Nr. 3 vom „Taste Receptor Typ 1" (T1R3). Verliert also ein Tier die Fähigkeit, diese Proteinkette herzustellen, so kann dieses Tier weder süß noch umami in der gewohnten Deutlichkeit schmecken. Fehlt dagegen eine der anderen Typ 1-Ketten, dann trifft es nur entweder süß oder umami. Die einzelne Proteinkette eines Typ 1-Geschmacksrezeptors windet sich siebenmal durch die Plasmamembran und bildet dann auf der Außenseite (also da, wo der Speichel ist) eine Kugel mit Spalt. Dieser kugelige Anteil sieht aus wie Pac-Man und wird Venus-Fliegenfallen-Domäne genannt. Wenn ein Geschmacksmolekül an diese Domäne bindet, dann schnappt sie zu und die Bewegung wird durch die Membran an das Innere der Zelle weitergegeben.

Süß Kohlenhydrate werden von Pflanzen aus Sonnenlicht, Kohlendioxid (CO$_2$) und Wasser (H$_2$O) hergestellt und für dunkle Zeiten (nachts) und die Nachkommen gespeichert. Kohlenhydrate sind also DIE Energiespeicher schlechthin auf unserer Welt und werden nicht nur von den Pflanzen, sondern auch von denen verwendet, die Pflanzen essen. Zucker ist essenziell für die Versorgung unserer roten Blutkörperchen und unseres Gehirns und auch alle anderen Organe nehmen gerne Zucker als Energiequelle. Kein Wunder also, dass Kohlenhydrate = Süßes eine unserer Lieblingsgeschmacksrichtungen ist. Pflanzen „wissen" das und belohnen uns daher für die Verbreitung ihrer Samen, z. B. aus Äpfeln oder Pfirsichen, mit Zucker im Fruchtfleisch. Die Samen selbst (Apfel- oder Pfirsichkerne) „sollen" wir natürlich nicht essen – also schmecken sie nicht süß, sondern werden von der Pflanze mit Bitterstoffen vergällt (s. unten bei Abschn. 2.2).

Katzen

naschen gerne – unser Kater stibitzt uns schon mal ein Stück Kuchen vom Teller. Umso überraschender war die Entdeckung, dass alle Katzen, vom Tiger bis zur Hauskatze, keine funktionierende Proteinkette T1R2 mehr exprimieren können. Sie haben also allesamt keinen Rezeptor mehr für Süßes und können den Anteil an Zucker, respektive Kohlenhydraten in einer Mahlzeit nicht schmecken. Die Forscher vermuten, dass dies ein klassischer Fall ist von „use it or loose it" – „Benutz es, oder verlier es". Katzen ernähren sich schon seit vielen Millionen Jahren einzig und allein von Beutetieren und als reine Fleischfresser war es unerheblich, ob die Maus oder Gazelle vorher noch ein wenig Gras gegessen hatte. Als also der Fehler im Erbmaterial passierte, war es kein Nachteil. Katzen haben aber natürlich einen sehr sensiblen Geschmack für umami und fettig – und im Kuchen sind ja neben Mehl und Zucker ausreichend Butter und Eier. Das ist es, was unseren Kater regelmäßig zur Naschkatze macht.

Umami Tierisches Protein ist für uns und andere Fleisch- und Allesfresser eine wichtige und biologisch hochwertige Proteinquelle. Proteine werden in unserem Mund teilweise in ihre Bausteine, die Aminosäuren, zerlegt und die häufigste darunter, das Glutamat, können wir Menschen schmecken. Viele fleischfressende Tiere können vermutlich ein größeres Repertoire an Aminosäuren schmecken als wir. Um geschmacklich tierisches von pflanzlichem Protein unterscheiden zu können, hat sich beim Umami-Geschmack eine Besonderheit entwickelt, die einen deutlichen Unterschied zwischen tierischer und pflanzlicher Nahrung ausnutzt: Tierische Zellen sind im Durchschnitt viel kleiner. Da jede Zelle jedoch etwa gleich viel Erbmaterial (Desoxyribonukleinsäure = DNA) enthält, hat tierische Nahrung mehr DNA pro Zelle als pflanzliche. DNA ist ebenfalls ein großes Molekül aus einzelnen Bausteinen, den Nukleotiden. Wenn wir Zellen essen, so werden durch die Verdauungsenzyme im Speichel also auch Nukleotide freigesetzt – und zwar deutlich mehr bei tierischer als bei pflanzlicher Kost. Der Umami-Rezeptor kann sowohl von Aminosäuren, v. a. Glutamat, als auch von Nukleotiden aktiviert werden. Kommen aber beide gleichzeitig vor, dann ist der Effekt nicht additiv, sondern synergistisch. Zusammen sind sie mehr als die Summe beider einzelnen Stimuli. Seltsamerweise spricht man von Glutamat häufig als „Geschmacksverstärker", obwohl es eigentlich die Nukleotide sind, die als

Geschmacksverstärker dienen. Der eine verstärkt auf jeden Fall jeweils den Umami-Geschmack des anderen.

Der große Panda
gehört eigentlich zur Gruppe der Fleischfresser, hat seine Diät aber vor etwa 4 Mio. Jahren auf rein pflanzlich umgestellt. Heute frisst er eigentlich nur noch Bambus. Etwa vor 4 Mio. Jahren ist sein T1R1-Gen, also der entscheidende Teil des Umami-Rezeptors, so mutiert, dass er nicht mehr funktioniert. Andere Pflanzenfresser, wie Kuh und Pferd, haben jedoch noch einen funktionierenden Umami-Rezeptor. Wofür diese beiden ihren Umami-Rezeptor brauchen, oder ob es reiner Zufall ist, dass das Gen noch nicht mutiert ist, kann bisher noch nicht beantwortet werden.

Ohne den klassischen Umami-Rezeptor aus T1R1 und T1R3 können wir aber Glutamat immer noch ein wenig schmecken. Dies läuft über eine verstümmelte Version des neuronalen Glutamat-Rezeptors (mGluR) mit verkürzter Venus-Fliegenfallen-Domäne. Der neuronale Rezeptor wäre in seiner intakten Form viel zu empfindlich für die riesigen Mengen an Glutamat, die wir mit der Nahrung aufnehmen. Die verkürzte Version ist also auf die im Mund benötigte Empfindlichkeit heruntergetunt. Eine Verstärkung des Glutamat-Geschmacks durch Nukleotide ist mit dem mGluR jedoch nicht möglich.

Kolibris
ernähren sich ausschließlich von süßem Nektar – und zeigen, welche Umwege die Evolution manchmal gehen muss: Vögel haben wie die Katzen allesamt das Gen für T1R2, also den klassischen Süß-Rezeptor, eingebüßt. Da die nächsten Verwandten der Vögel, die Krokodile, den T1R2 noch haben, ist der Gen-Verlust wohl im gemeinsamen Vorfahren aller Vögel während der Zeit der Dinosaurier passiert. Wieso aber mögen Kolibris dann den süßen Nektar einer Blüte? Diese Frage konnte durch den Vergleich mit den nahe verwandten Seglern (z. B. dem Mauersegler) aufgeklärt werden. Segler ernähren sich ausschließlich von Insekten und können „süß" nicht schmecken. Kolibris haben im Vergleich mit den Segler-Verwandten ihr Umami-Rezeptor-Dimer aus T1R1 und T1R3 aufwendig umfunktioniert (Baldwin et al. 2014). Der Kolibri-Rezeptor erkennt nun Zucker statt Aminosäuren. Dazu musste der Rezeptor an 19 Stellen verändert werden. Jeder einzelne Austausch passierte durch eine zufällige Mutation im entsprechenden Gen und musste sich dann über viele

Generationen an Kolibris als positiv erweisen. Wie viele Vögel auf diesem Weg der Evolution wohl geschlüpft sind, deren Geschmacksrezeptor weder umami noch süß schmecken konnten?

Kolibris sind zwar am besten erforscht, aber nicht die einzigen. Auch Nektarvögel können Zucker schmecken. Sie besetzen eine ähnliche ökologische Nische, gehören aber zu den Sperlingsvögeln und sind daher mit den Kolibris kaum verwandt. Es wird spannend sein herauszufinden, welchen Weg die Vorfahren der Nektarvögel gefunden haben, um wieder süß schmecken zu können.

Fettig Fett enthält pro Gramm Nahrung die meisten Kalorien. In Zeiten, in denen Nahrung knapp bemessen ist, kann eine fettige Mahlzeit das Überleben bedeuten. Und so wissen wir aus eigener Erfahrung: fettige Nahrungsmittel machen glücklich. Denken Sie an Schokolade, Pommes, Pizza oder eben Kuchen. Das Fett, das wir hier mögen, sind die sogenannten Triacylglyceride, also drei Fettsäuren verbunden mit einem Molekül Glycerin. Nach allem was wir bisher über die Wahrnehmung von „fettig" wissen, können wir aber Triacylglyceride nicht schmecken. Sie beeinflussen jedoch die Textur der Nahrung und vermitteln ein positives, cremiges Mundgefühl über unseren Tastsinn. Der Geschmack wird durch freie Fettsäuren ausgelöst, die im Mund durch ein Enzym im Speichel, die Zungen-Lipase, freigesetzt werden (s. Abb. 2.2).

Fettgehalt in Milchprodukten

Lange galt „fettig" als Mundgefühl – also nicht als Geschmack. Und auch wenn die Konsistenz – über unseren Tastsinn wahrgenommen – wichtig ist, ein Sahnejoghurt mit 10 % Fettanteil schmeckt uns einfach besser als ein fettarmes Milchprodukt, auch wenn es noch so cremig daherkommt. Im Test für das Gourmet-Magazin „Falstaff" kommen die Sensorikerinnen, Gourmets und Käsemacher zu dem Schluss: „Die ‚Fett-ist-gut-Theorie' hat sich in der Praxis bestätigt, denn die besten drei Produkte haben den höchsten Fettanteil." (Starz 2017). Auch echter griechischer Joghurt hat 10 % Fett, da es sich quasi um Joghurt-Konzentrat handelt. In den USA hat der „greek yogurt" dagegen nicht viel mit griechischem Joghurt zu tun und kommt eher fettarm (0 – max. 5 % Fett) daher. Trotzdem hat er dort über 30 % der Marktanteile erobert (Chandan 2013). Möglicherweise steht auf dem US-amerikanischen Markt beim Kauf eines Joghurts anders als in Europa nicht der Geschmack, sondern der Schlankheitsgedanke im Vordergrund?

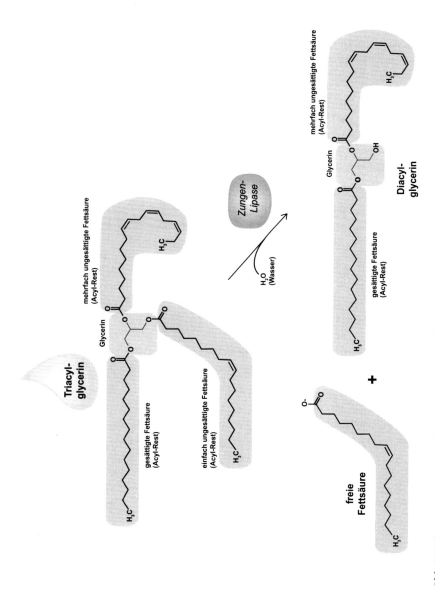

Abb. 2.2 Reaktion der Zungen-Lipase: Freisetzung einzelner Fettsäuren während des Essens. (Quelle: eigene Darstellung)

Auf den entsprechenden Typ II-Geschmackssinneszellen finden sich zwei Proteine, die als molekulare Rezeptoren für die freien Fettsäuren infrage kommen: CD 36 und GPR 120. Nur GPR 120 (G-Protein-gekoppelter Rezeptor) kann den klassischen Signalweg über Gustducin aktivieren (s. Abb. 2.1). CD 36 ist aber mindestens genauso wichtig: Mäuse ohne CD 36 können Fettsäuren nicht schmecken und bei Menschen sind die individuellen Unterschiede in der Fett-Wahrnehmung auf Unterschiede in CD 36 zurückzuführen. Über die genaue Funktion von CD 36 kann bisher nur spekuliert werden. CD 36 bindet wesentlich stärker an Fettsäuren als GPR 120. Möglicherweise sammelt und konzentriert es Fettsäuren im Bereich von GPR 120, welches eigentlich bei den normalen im Mund vorkommenden Spiegeln nicht aktiv würde. Oder sie funktionieren als Pärchen: CD 36 bindet die Fettsäure, stößt GPR 120 an und dieser signalisiert dann ins Zellinnere.

Als lecker empfinden wir also die Signale der Geschmackssinneszellen Typ II mit Fettig-Rezeptor, wenn das Fett im Nahrungsmittel hauptsächlich als Triacylglyceride vorliegt und uns so zusätzlich ein angenehmes Mundgefühl über seine Textur vermittelt. Freie Fettsäuren alleine, z. B. als Testlösung auf die Zunge getröpfelt, werden dagegen als unangenehm empfunden und mit ranzigem, verdorbenem Essen assoziiert. Vermutlich können wir in diesem Szenario die Fettsäuren auch riechen und das Geschmacksempfinden kommt ja nun ungepaart mit dem angenehmen Tastgefühl daher. Die klassische Seife (Kern- oder Schmierseife) besteht übrigens aus freien Fettsäuren und Salz. Und wer mag schon den Geschmack von Seife im Mund? Als Triacylglyceride aufgenommen und während des Kauens durch die Zungenlipase freigesetzt, schmecken Fettsäuren also lecker. Sind sie schon vorher im Nahrungsmittel vorhanden, stoßen sie uns ab (Reed und Xia 2015).

Haie
lieben es fettig – sie sind in der Regel sehr intelligent und verfügen über hochentwickelte Sinne. Was sie nicht kennen, erforschen sie neugierig (mit der gebotenen Vorsicht). Da sie keine Hände haben, be-„greifen" sie mit dem Mund. Am besten untersucht ist dieses Verhalten beim Weißen Hai (Martin 2010). Im lebenden Hai sind die Zähne flexibel aufgehängt und hoch sensibel innerviert. Über diesen Tastsinn erfährt ein Weißer Hai also durch einen Testbiss sehr genau, wie sich ein Objekt anfühlt – z. B. ob sich unter der Haut eine dicke Schicht Fett befindet. Leider ist der Geschmackssinn bei Haien bisher kaum untersucht, aber zwischen ihren Zahnreihen befinden sich besonders viele Geschmacksknospen, die mit-

helfen, das Testobjekt zu analysieren. Sie sind schon in Embryonen vollständig entwickelt, lange vor den Zähnen. Wahrscheinlich schmecken und lernen also auch Haie im Mutterleib bzw. im Ei, was die Mutter am liebsten isst. Aus Beobachtungen des weißen Hais kann auf eine Vorliebe für „fettig" und „umami" geschlossen werden, in dieser Reihenfolge. Gerade der Weiße Hai muss darauf achten, dass seine Nahrung viel Fett enthält, da er warmblütig ist und eine sehr langsame Verdauung hat. Um seine Körpertemperatur im kalten Wasser aufrecht zu erhalten, kann er sich also den Bauch nicht nur mit magerem Fleisch vollschlagen. Aber Haie sind flexibel und machen natürlich auch eine Nutzen/Risiko-Abschätzung. Ist das potentielle Futter harmlos, wie ein toter Schafskadaver, der von einem Schiff über Bord geworfen wurde, dann kann der Hai auch mal etwas weniger Fettgehalt in Kauf nehmen. Schlägt oder beißt das Futter aber während des Testbisses um sich und schmeckt dann noch nicht einmal ausreichend fettig, dann belässt der Hai es lieber bei dem einen Testbiss und sucht das Weite (Smallwood 2016).

Wale und Delfine
verfügen übrigens nur in ihrer Jugend über einige wenige Geschmacksknospen. Sie können als junge Tiere Fischgeschmack von Wasser unterscheiden, als Erwachsene nicht mehr. Wie sie das machen, ist jedoch unklar, da die Gene für ihre Süß-, Umami- und Bitter-Rezeptorproteine so stark mutiert sind, dass sie unbrauchbar sind. Evtl. können sie Salzig schmecken (Bouchard et al. 2017). Vermutlich brauchen sie keinen guten Geschmackssinn, weil sie ihre Beute sowieso unzerteilt als Ganzes schlucken. Woher vor allem die erwachsenen Tiere aber wissen, dass sie einen genießbaren Fisch und nicht einen giftigen verschlucken, bleibt bisher ihr Geheimnis.

2.2 Eine gutgemeinte Warnung: bitter – essen und gegessen werden

Bitter = giftig. Der Bitter-Geschmack warnt uns vor Giftigem und Gefährlichem in unserer Nahrung und wir tun gut daran, auf diese Warnung entsprechend zu reagieren. 2015 gab es sogar einen Todesfall in Deutschland, weil ein Mann

Zucchini gegessen hatte, obwohl diese ihm extrem bitter schmeckten. Solch ein tragischer Ausgang ist aber sehr selten, da die meisten Tiere (Menschen eingeschlossen), Bitteres normalerweise gleich wieder ausspucken. Überlebenswichtig ist also, dass wir die vielen unterschiedlichen Gifte, die in der Natur vorkommen, auch erschmecken können. Daher haben wir Menschen mindestens 25 verschiedene Bitterrezeptoren. Sie gehören zu den „taste"-Rezeptoren, haben allerdings keine Venus-Fliegenfallen-Domäne wie der Süß- und Umami-Rezeptor, und werden daher der Gruppe 2 zugeordnet (Abkürzung: T2R, s. Abb. 2.1). Jeder T2R kann an mehrere Bitterstoffe (Gifte) binden und jede Typ 2-Geschmackssinneszelle, die für den Geschmack bitter zuständig ist, trägt mehrere verschiedene T2R auf ihrer Oberfläche. Wir können also verschiedene Giftstoffe nicht unterscheiden, aber darauf vertrauen, dass einer der vielen Rezeptoren auf einer der vielen Bitter-Geschmackszellen schon Alarm geben wird. Die angestoßene Signalkaskade ist dabei identisch mit der der anderen Typ 2-Geschmacksrichtungen (süß, umami, fettig, s. Abschn. 2.1). Bei so vielen verschiedenen Bitterstoffen und mindestens diesen 25 verschiedenen Rezeptoren wird es noch eine Weile dauern, bis die Forscher für jeden Rezeptor auch wirklich alle natürlichen Liganden, also Gifte, gefunden haben. Am besten untersucht sind die T2R Nummer 16 und die Nummer 38.

T2R16 bindet an β-Glucopyranoside, unter denen sich auch die besonders giftigen cyanogenen Glykoside wie das Amygdalin aus Bittermandeln und Aprikosenkernen finden (s. Abb. 2.3). Vom T2R16 gibt es zwei funktionelle genetische Varianten: eine uralte mit Lysin als Aminosäure an Position 172 (K172), die die Glykoside nur schwach bindet und als „Nicht-Schmecker"-Variante bezeichnet wird, und eine neuere, die vermutlich vor ca. einer Million Jahre in Ost-Afrika entstand und Asparagin als Aminosäure an dieser Position trägt (N172). N172 ist die „Schmecker"-Variante von T2R16. Da β-Glucopyranoside sehr weit verbreitet sind (über 2500 Pflanzen und Insekten synthetisieren sie als Schutz vor Fraßfeinden) und viele davon sehr giftig sind, wundert es nicht, dass Menschen mit N172 Vorteile hatten. Heute dominiert diese Variante des Gens mit über 98 % Anteil in der Weltbevölkerung. Nur in Afrika, speziell Westafrika, leben noch über 10 % Menschen mit der K172-Variante, die β-Glucopyranoside kaum schmecken.

T2R38 bindet die beiden synthetischen Bitterstoffe PTC und PROP (s. Abb. 2.3), entstand aber vermutlich eher, um natürliche Glucosinolate z. B. aus Kohl und Brokkoli herauszuschmecken. Diese sekundären Pflanzenstoffe geben Vertretern aus der Familie der Kreuzblütler wie Rettich, Meerrettich, Senf, Kresse und Kohl den etwas scharfen und bitteren Geschmack. Diese Pflanzen bilden zum einen

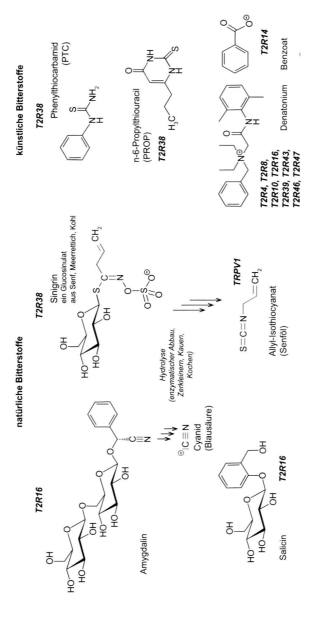

Abb. 2.3 Bitterstoffe und die von ihnen aktivierten bitter-Rezeptoren und freigesetzten Gifte (TRPV1 = transient receptor potential Kanal/Vanilloid-Rezeptor Typ 1 = „Scharf-Rezeptor"). (Quelle: eigene Darstellung)

die Glucosinolate und in getrennten Zellkompartimenten dazu noch ein Enzym, das aus den Glucosinulaten Isothiocyanate (Senföle) abspaltet. Der enzymatische Abbau setzt bei Verletzung der Zelle ein, wenn die Pflanze von einem Fraßfeind angeknabbert wird. Isothiocyanate schützen Pflanzen aufgrund ihres scharfen Geschmacks (s. Abschn. 2.4) und sind (besonders für Insekten) toxisch. Beim Menschen wirken sie reizend auf Haut, Atemwege und Magen-Darmtrakt und können die Schilddrüse schädigen. Auch beim T2R38 gibt es eine „Nicht-Schmecker" (PAV für **P**rolin, **A**lanin, **V**alin) und eine „Schmecker"-Variante (AVI für **A**lanin, **V**alin, **I**soleucin). Weltweit haben beide Varianten etwa dieselbe Frequenz, was zu ca. 25 % „Super-Schmeckern" (PAV/PAV), 25 % „Nicht-Schmeckern" (AVI/AVI) und 50 % dazwischen (PAV/AVI) führt. Auch hier ist die genetische Variabilität vor ca. einer Million Jahre in Afrika entstanden und es ist völlig unklar, warum sich die „Nicht-Schmecker"-Variante so hartnäckig hält. Die Forschung dazu hat neuen Schwung erfahren, seitdem T2R38 nun auch eine wichtige Rolle im angeborenen Immunsystem von Lunge und Darm zugesprochen wird (s. Abschn. 3.1 und 3.3).

Denatonium Benzoat wurde als künstlicher Bitterstoff entwickelt, der unabhängig von der genetischen Variabilität von jedem Menschen (und auch vielen Tieren) als extrem bitter empfunden wird. Beim Menschen aktiviert Denatonium allein schon acht verschiedene Bitter-Rezeptoren und Benzoat aktiviert mindestens noch einen weiteren. Denatonium Benzoat ist damit die bitterste Substanz, die bisher bekannt ist, und wird zum Vergällen von z. B. Alkohol und Reinigungsmitteln verwendet.

Essen und gegessen werden Um zu überleben, müssen wir essen. Da wir Menschen aber keine Photosynthese betreiben können, essen wir andere Lebewesen. Die möchten allerdings nicht von uns gegessen werden. Während Tiere meist weglaufen können oder sich mit Krallen und Zähnen gegen unsere Übergriffe wehren, greifen viele Pflanzen zu Gift. Denken Sie z. B. an die Blausäure, die aus den cyanogenen Glycopyranosiden der Mandeln, Aprikosen- und Apfelkerne freigesetzt wird, oder an die Isothiocyanate aus Kohl. Unsere pflanzlichen Lebensmittel sind von Natur aus also häufig giftig und nur in sehr kleinen Mengen genießbar. Einige dieser Fraßgifte können durch Erhitzen bzw. Kochen zerstört werden, sodass sonst ungenießbare Pflanzen jetzt als Nahrung dienen können. Ein Beispiel ist das Gift Phasin, das in Hülsenfrüchten wie der Gartenbohne steckt, oder das Ricin aus den Samen des Wunderbaumes. Während schon wenige rohe Bohnen Vergiftungserscheinungen hervorrufen können, ist eine gekochte Bohnensuppe harmlos. Die meisten Gifte lassen sich jedoch nicht durch

Erhitzen zerstören, z. B. das Solanin aus den grünen Anteilen von Kartoffel- und Tomaten-Pflanzen oder das Cucurbitacin in Kürbisgewächsen. Manche werden durch Erhitzen sogar noch ungenießbarer, wie die in Abb. 2.3 dargestellten Glucopyranoside und Glucosinolate. Hier haben unsere Vorfahren über Generationen hinweg Sorten gezüchtet, die den bitteren Giftstoff durch genetische Defekte kaum noch produzieren können. Diese Kultursorten sind uns, genauso wie all den anderen Fraßfeinden, schutzlos ausgeliefert. Ihr Anbau gelingt also nur noch durch den Einsatz von Pestiziden. „Alte Sorten" sind daher meist resistenter gegen Schädlinge, aber eben auch nicht unbedingt für den Verzehr geeignet. Als es diese Kultursorten noch nicht gab, hatten Menschen mit einem nur schwach ausgeprägten Bitter-Geschmack vielleicht sogar Vorteile. Sie konnten ein vielfältigeres Angebot an pflanzlicher Nahrung nutzen, auch wenn dies hin und wieder sicher Vergiftungserscheinungen ausgelöst hat. Wenn jedoch neue, unbekannte Nahrungsquellen erschlossen werden mussten, waren diejenigen gefragt, die Giftiges besonders empfindlich herausschmeckten.

Bittere Medizin Medikamente greifen massiv in unsere körpereigenen Funktionen ein. Dies mag bei einer Krankheit helfen, ist aber für einen gesunden Organismus giftig. Da viele Medikamente strukturell von natürlichen Giften abgeleitet wurden, schmecken sie auch bitter. Ein zweiter Grund für bittere Pillen: Wenn der Wirkstoff selbst nicht bitter schmeckt, wird den bunten Pillen teilweise extra ein Bitterstoff zugesetzt, damit Kleinkinder diese nicht mit bunten Süßigkeiten verwechseln können. Zu den Wirrungen um bittere Medizin siehe auch Abschn. 3.4.

2.3   Der Nebenschauplatz: salzig, sauer und wässrig – Sprudelwasser und unreife Früchte

Salzig

Unsere Vorfahren stammen aus dem Meer. Hier haben sich die ersten Einzeller entwickelt und ihre gesamte Funktionsweise auf die Salze und deren Konzentrationen im Meerwasser ausgerichtet. Für die sich daraus entwickelnden Mehrzeller und uns als heutige landlebende Tiere war es nicht mehr möglich, daran grundlegend noch etwas zu ändern. In den Flüssigkeiten, die unsere Zellen umspülen, sind vor allem die Salz-Kationen immer noch in fast demselben Verhältnis vorhanden wie im Meerwasser: 94 Natrium- kommen auf 3 Kalium- und 2 Calcium-Ionen (Neukamm 2014). Wir tragen das Meer also immer noch in uns und funktionieren nur so. Was wir essen und trinken hat aber ganz und gar nicht mehr die richtige Kationen-Zusammensetzung. Im Trinkwasser ist mehr Calcium als

Natrium, Kochsalz ist reines Natriumchlorid und Orangensaft enthält viel zu viel Kalium im Vergleich zu Natrium. Unsere inneren Organe, voran der Darm und die Nieren, müssen hier ständig Hochleistungen vollbringen, um aus der so unterschiedlichen Nahrung die richtigen Ionen aufzunehmen und die überschüssigen wieder abzugeben. Aber das hilft alles nichts, wenn das Angebot an Ionen prinzipiell nicht stimmt. Ob Salzig als Geschmack angenehm ist, entscheidet also das Bedürfnis unseres Körpers nach dem entsprechenden Ion. Und dabei müssen wir Natrium, von dem wir sehr viel brauchen, unterscheiden können von den anderen Kationen (Kalium, Calcium, Magnesium), von denen wir nur Kleinstmengen benötigen.

Obwohl der Salz-Geschmack so wichtig und faszinierend ist und schon seit über 150 Jahren daran geforscht wird, ist leider nur sehr wenig über die molekularen Gegebenheiten auf der Zunge bekannt. Die Schwierigkeiten beginnen schon dabei, dass der verantwortliche Zelltyp bisher nicht identifiziert werden konnte. Alle drei Zelltypen und sogar die Basalzellen kommen infrage. Und auch die bisher identifizierten beteiligten Proteine ergeben noch keine durchgehende Signalkette. Trotzdem möchte ich hier die wenigen Puzzleteile zusammentragen, die hoffentlich in Zukunft endlich zu einem vollständigen Bild des Salz-Geschmacks verbunden werden können:

Der **Amilorid-sensitive Salz-Geschmack** ist physiologisch gesehen der positiv empfundene Salz-Geschmack von Lösungen mit Natrium-Ionen im Konzentrationsbereich unseres Blutes (140 mM). Amilorid hemmt relativ spezifisch einen Ionenkanal, den ENaC (epithelialer Natrium-Kanal), und in den Zellen, die Amilorid-sensitive auf Natrium-Ionen reagieren, konnte dieser Kanal auch nachgewiesen werden. Zellen, die den Amilorid-sensitiven Salz-Geschmack vermitteln, scheinen sich vor allem in den Pilzpapillen zu befinden.

Wieso schmecken Tränen salzig, Speichel und Schweiß aber nicht?
Unser Speichel, der die oberen Enden der Geschmackssinneszellen die ganze Zeit umspült, ist für uns logischerweise geschmacksneutral. Wir können nur Änderungen in den Konzentrationen der Geschmacksmoleküle schmecken. Hätte Speichel also dieselbe Ionen-Zusammensetzung wie unser Blut, also ca. 140 mM Natrium-Ionen, dann wäre der positive Amilorid-sensitive Salz-Geschmack zwischen 10 und 200 mM Natrium nicht möglich. Hier sind die Speicheldrüsen gefragt, die zwar erst einmal die Flüssigkeit des Bluts mit all ihren Ionen abfiltrieren, dann aber vor allen Natrium- und Chlorid-Ionen wieder zurück ins Blut transportieren. Im Ruhespeichel liegen so nur 5 mM Natrium-Ionen vor und jegliche Erhöhung dieser Konzentration kann daher einen Geschmack auslösen. Die Tränen-

drüsen machen sich diese Arbeit nicht und so schmecken Tränen salzig. Frischer Schweiß, bei dem das Wasser noch nicht verdunstet ist, schmeckt auch nur sehr wenig salzig, da die Schweißdrüsen auch Natrium und Chlorid zurücktransportieren. Hier geht es nicht um den Geschmack, sondern um die Vermeidung von zu großen Salzverlusten durch das Schwitzen.

Der **Amilorid-unempfindliche Salz-Geschmack** ist physiologisch gesehen der negativ empfundene Salz-Geschmack, den wir bei versalzenen Speisen (zu viel Natrium) und auch anderen Kationen empfinden. Die verantwortlichen Zellen sitzen in Geschmacksknospen im hinteren Bereich der Zunge, z. B. in den Wallpapillen, und haben keinen ENaC. Es gibt experimentelle Hinweise, dass sowohl eine Untergruppe von Bitter-Geschmackszellen (Typ II) und zusätzlich von Sauer-Geschmackszellen (Typ III) an dieser Komponente des Salz-Geschmacks beteiligt sind (Lewandowski et al. 2016). Während eine versalzene Speise gleichzeitig den Amilorid-sensitiven (positiven) Salz-Geschmack über die ENaC-Zellen auslöst und den Amilorid-unempfindlichen (negativen) über die Bitter-/Sauer-Geschmackszellen, lösen andere Kationen wie Calcium und Kalium nur den Amilorid-unempfindlichen Geschmack aus und Testpersonen berichten eher von bitter-ekligem, als von salzigem Geschmack.

Kokumi Calcium-Ionen sind mengenmäßig nicht entscheidend an der Aufrechterhaltung des Salzgehalts extra- oder intrazellulärer Flüssigkeiten beteiligt, aber sie sind in Form des Hydroxylapatits $Ca_5(PO_4)_3OH$ der Hauptbestandteil unserer Knochen und Zähne. Etwa 1 kg Calcium trägt so jeder Mensch in sich. Nur 0,1 % unseres Calciums wird für andere Zwecke verwendet, der Wichtigste ist die Erregbarkeit von Zellen, wie schon am Signalweg der Typ II-Geschmackssinneszellen erläutert. Zu diesem Zweck muss die Calcium-Konzentration innerhalb und außerhalb der Zelle sehr genau eingestellt und konstant gehalten werden. Bei einem Calcium-Mangel wird Calcium aus den Knochen mobilisiert und diese nach und nach poröser. Wäre Calcium in unserer Nahrung also ausschließlich mit einem negativen Geschmackserlebnis verknüpft, würden wir Calcium-haltige Nahrung vermutlich meiden, mit entsprechend negativen Auswirkungen auf Knochen und Zähne. Die Lösung scheint eine Geschmacksempfindung namens Kokumi zu sein. Vermutlich sind es bestimmte Typ II (oder auch III)-Geschmackssinneszellen, die einen Calcium-sensitiven Rezeptor (CaSR) exprimieren. Dieser gehört zu derselben Familie an 7-Transmembran-Rezeptoren, wie die Süß-, Umami- und Bitter-Rezeptoren und bindet seine Liganden auch

an einer großen Venus-Fliegenfallen-Domäne. Auch die Signaltransduktion ver-
läuft ähnlich über Phospholipase C und Ausstrom von Calcium aus dem internen
Speicher der Zelle. Obwohl also der Geschmacksstoff (Calcium), der Rezeptor
und die Signalkette aufgeklärt sind, ist Kokumi aus einem ganz simplen Grund
kein „echter" Geschmack: Kokumi-Stoffe, inklusive Calcium, sind über diesen
Weg geschmackslos. Sie verstärken aber die positiven Geschmacksrichtungen süß
und umami, und dies umso stärker, je größer der Calcium-Mangel ist. Kokumi
ist dabei ein als positiv empfundenes Mundgefühl und anhaltender Geschmacksreichtum von Speisen, die neben Süß- oder Umami-Stoffen auch einen Liganden
für den CaSR enthalten. So lässt sich erklären, warum Calcium-Ionen alleine
eigentlich immer abstoßend schmecken, Calcium-reiche Nahrungsmittel wie
Käse oder Bananen dagegen nicht.

Sauer, wässrig und CO$_2$ Diese drei scheinbar völlig unterschiedlichen
Geschmacksqualitäten werden alle von ein und derselben Geschmackssinnes-
zelle vermittelt und beruhen auf der Empfindlichkeit dieser Zellen gegenüber Veränderungen in dem Konzentrationsverhältnis der beiden „Wasser-Ionen" H_3O^+
und OH^-. Mehr H_3O^+ als OH^- bedeutet sauer, mehr OH^- als H_3O^+ basisch. Der
pH-Wert ist ein Maß für die Konzentration an H_3O^+-Ionen und wird zwar innerhalb unseres Körpers extrem genau konstant gehalten, darf auf unseren Oberflächen (Mund, Magen, Darm, Harnblase, Haut) aber stärker schwanken. Im
Speichel wird durch die Speicheldrüsen vor allem bei Nahrungsaufnahme ein
leicht basischer pH-Wert eingestellt, weil sich sonst unsere Zähne durch die Säuren aus der Nahrung auflösen (Karies). Der pH-Wert des Speichels wird vor allem
durch das Anion Hydrogencarbonat (HCO_3^-) aufrechterhalten, das mit Säuren zu
Kohlenstoffdioxid (CO_2) und Wasser zerfällt, wobei die Säure neutralisiert wird:

$$HCO_3^- + H_3O^+ \rightarrow 2\,H_2O + CO_2$$

Die Reaktion ist aber frei reversibel, sodass ein Mehr an Wasser oder darin
gelöstem CO_2 auch die Rückreaktion bewirkt und den pH-Wert sauer werden lässt:

$$2\,H_2O + CO_2 \rightarrow HCO_3^- + H_3O^+$$

Hin- und Rückreaktion laufen allerdings ohne ein Enzym nur sehr langsam
ab. Daher ist Sprudelwasser eigentlich nicht sauer, sondern enthält eben nur viel
physikalisch gelöstes CO_2. Die Sauer-Geschmackssinneszellen tragen aber auf
ihrer Oberfläche das Enzym Carboanhydrase, das Hin- und Rückreaktion gleich-
ermaßen extrem beschleunigt. In der Nähe einer Sauer-Geschmackszelle führt
jede Änderung in der Konzentration eines der Moleküle also zu einer pH-Ver-
änderung. Die Sinneszellen müssen also nur auf pH-Schwankungen reagieren,
um alle drei Moleküle schmecken zu können.

Ein großer Überschuss an H_3O^+ wird als negativ empfunden und trägt zur Ablehnung von unreifen oder verdorbenen Lebensmitteln bei. Der **Sauer-Geschmack,** der durch Geschmackssinneszellen in den Geschmacksknospen der Zunge vermittelt wird, scheint dafür aber nicht verantwortlich. Über die Geschmackssinneszellen vermittelt kann Sauer uns nämlich auch gut schmecken: zusammen mit viel Zucker, was anzeigt, dass das Obst jetzt reif ist, als Indiz für Wasser, wenn wir durstig sind, oder nur ganz lokal bitzelnd, wie beim Sprudel. Der unangenehme Sauer-„Geschmack" wird, wie auch Scharf und Adstringierend (s. Abschn. 2.4), durch Schmerz-Sensoren im Mundraum weitergeleitet (Zocchi et al. 2017).

Auch wenn das eigentliche Rezeptor-Protein für den Sauer-Geschmack noch immer nicht identifiziert ist, so ist immerhin der Zelltyp entdeckt. Es handelt sich um eine Subgruppe an Typ III-Geschmackssinneszellen in den Geschmacksknospen, die einen bestimmten Ionenkanal (PKD2L1) exprimieren. Dieser Kanal selbst ist jedoch nicht wichtig für den Sauer-Geschmack, dient aber als guter Marker, um unter den vielen verschiedenen Typ III-Zellen in einer Geschmacksknospe die Sauer-Geschmackszellen zu finden. Untersuchungen an diesen Zellen lassen darauf schließen, dass Sauer-Geschmackszellen nur durch Protonen im Zellinneren aktiviert werden. Protonen können selbst durch einen Kanal in der Zellmembran fließen, oder quasi „Huckepack" auf schwachen, organischen Säuren wie Zitronensäure oder Essigsäure über die Zellmembran gelangen. Weil der zweite Prozess effizienter ist, schmecken organische Säuren bei gleichem pH-Wert viel saurer als die starke Salz- oder Phosphorsäure.

Es ist enorm wichtig, dass wir auch **Wasser** schmecken können. Der Gehalt an Wasser in unserem Körper sorgt für einen ausreichenden Blutdruck und auch die richtige Salzkonzentration in den Körperflüssigkeiten. In Säugetieren wie uns Menschen gibt es spezifische Nerven im Gehirn, die den internen Wassergehalt des Köpers messen und entsprechend das Durstgefühl regulieren. Nicht jede Flüssigkeit, die wie Wasser aussieht, dieselbe Viskosität hat und nach nichts riecht, ist aber wirklich Wasser. Die Unterscheidung zwischen z. B. dünnflüssigen Silikonölen und echtem Wasser gelingt nur mit dem Geschmack. Mäusen, denen genetisch die Sauer-Geschmackszellen fehlen, trinken auch Silikonöl (Zocchi et al. 2017). Die Verdünnung des Speichels durch Wasser dagegen führt mithilfe der Carboanhydrase lokal zu einer vermehrten Bildung von H_3O^+ und damit zu einer Aktivierung der Sauer-Zellen. Und wenn diese aktiviert sind, kommt es über eine positive Rückkopplung mit dem Gehirn zu einem verstärkten Trinkverhalten, bis die Sensoren im Gehirn melden, dass der Körper wieder ausreichend mit Wasser versorgt ist.

Der **Geschmack von CO$_2$** in Sprudel-Wasser, Limonaden und Sekt beruht, wie der Wasser-Geschmack, auf den Sauer-Geschmackszellen und der daran angehefteten Carboanhydrase. Dadurch schmecken diese Getränke auch immer leicht säuerlich. Dass das Gefühl von CO$_2$ auch bitzelnd und stechend ist, liegt wie bei klassischen Säuren wieder an den Schmerz-Sensoren.

2.4   Die Trigeminus-Reize: stechend, scharf und adstringierend – von Chilis und Wein

Schmerz dient dazu, uns vor schädlichen Einflüssen zu warnen. Diese werden durch freie Nervenendigungen im Gewebe, sogenannte Nociceptoren, objektiv registriert. Die bewusste Schmerzwahrnehmung im Gehirn hingegen ist eine subjektive Empfindung, die von Individuum zu Individuum höchst unterschiedlich ist. Die nociceptiven Nervenenden in der Zunge und Mundschleimhaut stammen vom Trigeminus-Nerv und die Empfindungen werden daher oft auch trigeminale Reize genannt, um sie vom Geschmack abzugrenzen. Im Mund dienen sie vor allem dazu, dass wir uns nicht in die Zunge beißen oder uns den Mund mit zu kalten, zu heißen oder zu sauren Speisen verbrennen. Die Rezeptormoleküle auf den Nociceptoren sind vor allem Ionenkanäle, die durch Stimulation geöffnet oder geschlossen werden, und so die Nervenaktivität direkt beeinflussen (Roper 2014). Die am besten untersuchten Kanäle auf Nociceptoren sind in Abb. 2.4 dargestellt. Da keine Signalkette zwischen Reiz und Erregung der Zelle eingebaut ist, fehlt der Verstärkungsfaktor, der z. B. in Geschmackssinneszellen Typ II zum Tragen kommt. Die trigeminalen Nociceptoren reagieren daher sehr schnell und können ein kontinuierliches Spektrum an unterschiedlichen Reizintensitäten abbilden.

Temperatur-Empfinden TRP-Kanäle sind Kationen-Kanäle, die bei Stimulation vor allem Natrium-Ionen von außen in die Zelle hineinfließen lassen. Dabei wird die Nervenzelle elektrisch erregt. Einige TRP-Kanäle sind Thermosensoren: sie öffnen und schließen sich je nach Umgebungstemperatur. Für extreme Kälte ist TRPA1, für extreme Hitze TRPV1 zuständig. Dass beide Kanäle in über 70 % der Nerven gleichzeitig exprimiert sind, erklärt unsere Schwierigkeiten, schmerzhafte Hitze und Kälte auseinanderzuhalten. Es gibt aber auch Nervenfasern, die sich auf Wärme, und solche, die sich auf Kühle spezialisiert haben. Wärme, also Temperaturen ab 30 °C aufwärts, wird vom TRPV4 registriert und Kühle, also Temperaturen unter 30 °C vom TRPM8 und TRPC5. Moderiert wird die Temperatur-Erfassung durch die Kalium-Kanäle TREK und TRAAK. Beide öffnen in einem für uns angenehmen Temperaturfenster zwischen 20 und 40 °C und

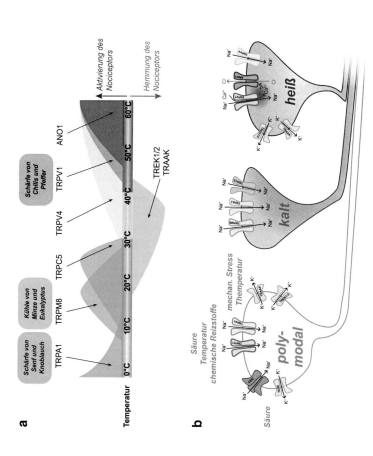

Abb. 2.4 Trigeminale Reize im Mundraum **A** Thermorezeptoren, die auf Nociceptoren exprimiert sind mit den Temperaturbereichen und chemischen Reizen, die zur Öffnung des Kanals führen; **B** drei Beispiele für unterschiedliche Nociceptoren mit der jeweiligen Rezeptorausstattung (ANO1 = Anoctamin 1; ASIC = acid-sensing ion channel; TASK = Säure-empfindlicher Kalium-Kanal; TREK, TRAAK = thermomechanische Kalium-Kanäle; TRP = transient receptor potential Kanal). (Quelle: eigene Darstellung)

lassen Kalium-Ionen aus der Zelle strömen. Dies wirkt der elektrischen Erregung entgegen und verhindert, dass uns unsere eigene Körpertemperatur Schmerzen bereitet. In den Hitze-Sensoren wird das Signal durch einen Chlorid-Kanal (Anoctamin 1) verstärkt. Chlorid-Ionen sind negativ geladen und wenn sie ausströmen, wird die entsprechende Nervenzelle auch erregt. Die Chlorid-Kanäle sind zum einen selbst Temperatur-gesteuert und öffnen sich bei ähnlichen Temperaturen wie der TRPV1, zum anderen sitzen sie direkt benachbart zu den TRPV1, die auch ein paar Calcium-Ionen einströmen lassen. Calcium-Ionen binden von innen an Anoctamin 1 und aktivieren den Kanal zusätzlich. Die Hitze-Sensoren sind also unter 40 °C durch TREK und TRAAK gehemmt, werden aber bei Temperaturen über 43 °C schnell maximal aktiv und melden eine schmerzhafte Verbrennung im Mundraum. Temperatur-Reize zwischen 15 und 30 °C sind nicht direkt schädlich für unsere Körperoberflächen, können aber zur (Unter-)Kühlung des Körpers beitragen. Sie müssen also auch registriert und je nach Wärmegehalt des Körpers reguliert werden. Dafür sind die Kälte-Rezeptoren mit TRPM8, TRPC5 und TRPA1 da. Sie werden nicht nennenswert durch Kaliumkanäle gehemmt, lösen aber auch nur ein wenig alarmierendes Kühle-Gefühl im Gehirn aus.

Mechanischer Stress Neben der Temperatur registrieren Nociceptoren auch Säure, andere chemische Reizstoffe und mechanischen Stress. Mechanischer Stress entsteht z. B. durch den Biss auf die Zunge, aber auch durch eine zu hohe Salzkonzentration. Solch hyperosmolare Lösungen trocknen die Zellen regelrecht aus, sodass sie schrumpfen und schrumpeln. Solche Verformungen der Zellmembran werden ebenfalls von den Kalium-Kanälen TREK und TRAAK registriert, die je nach Richtung der Verformung öffnen oder schließen und so die jeweiligen Nociceptoren schwerer oder leichter erregbar machen.

Säure-Empfindung Säure ist ein Zuviel an Protonen (H_3O^+-Ionen), bzw. ein niedriger pH-Wert. Wenn die Protonen nur außerhalb der Zellen gebildet werden, dann ist es für die Zellen außen sauer, innen aber nicht. In dieser Situation öffnen sich die zwei Natrium-Kanäle TRPV1 und ASIC (acid-sensing ion channel) und es schließt sich der Kalium-Kanal TASK. Eine solche Ansäuerung entsteht vor allem durch starke, anorganische Säuren, wie Salzsäure oder Phosphorsäure, da diese nicht durch die Zellmembran nach innen diffundieren können. Schwache, organische Säuren wie Essig, Zitronensäure oder auch CO_2 können dagegen in das Zellinnere diffundieren und dieses ansäuern. Wenn es innerhalb der Zelle saurer wird als außen, dann öffnet TRPA1. Viele Nociceptoren exprimieren TRPV1 und TPA1 gleichzeitig und können daher nicht zwischen starken und schwachen Säuren unterscheiden, bei Hitze und Kälte-Sensoren ist diese Unterscheidung aber durchaus möglich, sodass Kohlensäure (CO_2), Essig- oder Zitronensäure durchaus andere Empfindungen verursachen als z. B. Phosphorsäure.

Chemische Reize/Schärfe Einige Chemikalien in unserer Umwelt können Zellstrukturen unspezifisch verändern und wirken so als Gifte, die wir meiden sollten. Dazu gehören organische Lösungsmittel wie Alkohol, die Zellmembranen verändern, und Moleküle, die sich unkontrolliert an unsere Proteine oder Lipide anhängen, wie reaktive Sauerstoffspezies, Schwermetalle oder Senföl. Auch diese Reize werden von den trigeminalen Nociceptoren und ihren Ionenkanälen erkannt. Alkohol wirkt dabei vor allem über TRPV1, während TRPA1 für die anderen zuständig scheint (Bandell et al. 2007).

Einige Pflanzen synthetisieren chemische Moleküle, die die TRP-Kanäle auch ohne Hitze oder Kälte aktivieren. Das hilft den Pflanzen, nicht von uns oder anderen Tieren gegessen zu werden. Die bekanntesten scharfen Pflanzen sind einige Paprikasorten, Pfeffer, Knoblauch und Senf. Chilis und andere scharfe Paprikasorten synthetisieren das Molekül Capsaicin, das den TRPV1 aktiviert und unerträgliche Hitze vorgaukelt. Ebenfalls über den TRPV1 wirkt das Piperin aus Pfefferkörnern. Die Isothiocyanate aus Senf oder auch das Allicin aus frischem Knoblauch aktivieren dagegen den TRPA1 und damit eine Schärfe, die eher der von Eiseskälte ähnelt. Menthol, Eukalyptol und viele andere ätherische Öle binden und aktivieren TRPM8 und verursachen ein Gefühl der Kühle.

Cola zum scharfen Essen?

Die Antwort hängt davon ab, ob Ihnen das Essen zu scharf oder nicht scharf genug gewürzt ist. Da die typischen Cola-Getränke heutzutage mit Phosphorsäure statt Zitronensäure auf einen pH-Wert von 2,5 eingestellt werden, liegen in dem Getränk ca. 3 mM freie Protonen (H_3O^+) vor, die außen ansäuern, aber nicht nennenswert in die Nerven eindringen können. Dadurch wird von Cola der TRPV1 zusätzlich aktiviert oder zumindest empfindlicher gemacht. Die Schärfe der Chilis wird also verstärkt. Da das scharfe Molekül Capsaicin so gut wie unlöslich ist in Wasser, wird es durch die Cola auch nicht nennenswert weggespült von seinem Rezeptor. Wer die Schärfe abmildern will, sollte zu etwas Fettigem greifen, z. B. einem Stück Käse oder fettigem Joghurt.

Es ist sicher nicht im Sinn dieser Pflanzen gewesen, dass wir Menschen die Trigeminus-Reize in Maßen genießen und für uns eine gewisse Schärfe zu einigen

Speisen dazugehört, wie auch das prickelnde Gefühl von Brause oder der leichte Biss von Ethanol in Getränken. Jedes Baby und Kleinkind wird Ihnen unmissverständlich zeigen, dass die trigeminalen Reize von Natur aus erst einmal negativ belegt sind. Erst in späteren Lebensjahren lernen wir, einige dieser Reize zu mögen. Über das „Warum" kann trefflich spekuliert werden. Da scharfes Essen vor allem in wärmeren Gegenden beliebt ist, könnte das Essen dabei helfen, den Körper abzukühlen. Tatsächlich kann nämlich ein TRPV1-Agonist wie das Capsaicin die Körperkerntemperatur senken, indem die Wärmeabgabe gesteigert wird durch vermehrte Hautdurchblutung und Schwitzen. Auch wird oft argumentiert, dass Schärfe für Bakterien und Pilze giftig sei und so das Essen in den warmen Gegenden langsamer verdirbt. Für eine antimikrobielle oder fungizide Aktivität von Capsaicin oder Piperin gibt es jedoch bisher keine Belege. Chili-Schärfe einer Speise führt jedoch dazu, dass sie den Magen-Darm-Trakt schneller durchläuft und so pathogene Keime in der Nahrung weniger Schaden anrichten können. Paul Rozin hat als Psychologe eine andere Erklärung für scharfes Essen: er nennt es „gutartigen Masochismus", eine spezielle Eigenschaft von Menschen, die bei anderen Tieren noch nicht beobachtet werden konnte. Er sagt, dass es uns Freude bereitet, negative Empfindungen (Scharfes essen oder auch eine Fahrt mit der Achterbahn) zu meistern, wenn sie unter sicheren und kontrollierbaren Bedingungen stattfinden (Rozin und Schiller 1980). Tatsächlich setzen solche Aktivitäten in nicht unerheblichem Maße Endorphine frei und können sogar süchtig machen.

Als „After-Burner"
wird augenzwinkernd das brennende Gefühl bezeichnet, das beim Klo-Gang nach einer sehr scharfen Mahlzeit auftritt. Zwar besitzen wir Nociceptoren mit den entsprechenden TRP-Kanälen im gesamten Verdauungstrakt vom Mund bis zum After, aber nur im Mund und auf den letzten Zentimetern vor dem Wiederaustritt aus unserem Körper wird uns der Schmerz bewusst. Einen After-Burner verursachen dabei nur solche Moleküle, die den Magen-Darm-Trakt unverändert überstehen. Das sind vor allem das Capsaicin aus den Chilis und Piperin aus Pfeffer. Senföl, Allicin und auch die ätherischen Öle werden im Darm aufgenommen und zum größten Teil in der Leber verstoffwechselt.

Adstringierend Bei dem zweifelhaften Genuss einer unreifen Banane, zu heiß aufgegossenem grünen oder zu lang gezogenem schwarzen Tee oder tanninstarker Weine scheint sich die Mundoberfläche zusammenzuziehen und aus-

zutrocknen. Dieses Gefühl nennt man Adstringenz und gehört ebenfalls zu
den trigeminalen Reizen (Schöbel et al. 2014). Gallussäure oder Polyphenole
mit Gallussäure-Gruppen binden dabei an einen noch nicht identifizierten
Rezeptor auf trigeminalen Nervenendigungen. Im Gegensatz zu den anderen
Trigeminus-Reizen scheinen Ionenkanäle nicht direkt an der Bindung der Gallussäure beteiligt zu sein, sondern eher G-Protein-gekoppelte Rezeptoren wie beim
klassischen Geschmack. Ein weiterer wichtiger Anteil des adstringierenden
Gefühls mag auch rein mechanischer Art sein: die Polyphenole binden an Proteine aus dem Speichel und fällen diese aus. Dadurch verliert der Speichel seine
Eigenschaften als Schmiermittel und die Oberflächen im Mund fühlen sich rau
und ausgetrocknet an.

Barrique Hochwertige Rotweine können in Fässern aus geröstetem Eichenholz ausgebaut werden. Dabei setzt das Eichenholz adstringierend wirkende
Gerbstoffe (Tannine) frei und durch die Röstung des Holzes (Toasting) wird der
Geruchsstoff Vanillin erzeugt. Zusammen machen beide das Wein-Aroma „barrique" aus. Um die teure und aufwendige Lagerung in Holzfässern zu umgehen,
können die Rotweine auch mit gerösteten Eichenholzspänen in Edelstahlfässern
gelagert werden.

Prickelnd Bestimmte Pflanzenstoffe, wie das α-Hydroxy-Sanshool aus Sze-
chuanpfeffer oder Spilanthol aus Jambú (Acmella oleracea), verursachen eine
betäubende Schärfe, die häufig mit einem elektrisierenden Gefühl wie von kleinen Stromstößen auf der Zunge beschrieben wird. Es gibt Hinweise, dass die pri-
ckelnden Moleküle TRPV1 und evtl. auch TRPA1 direkt aktivieren können, aber
der speziell elektrisierende Effekt scheint vorrangig durch ihre Hemmung von
Kalium-Kanälen wie TASK in mechanisch sensiblen Nervenendigungen ohne
TRPV1 oder TRPA1 hervorgerufen zu werden (Albin und Simons 2010).

2.5 Geschmackliche Tricks aus Natur, Wissenschaft und Lebensmittelindustrie

In der Natur nutzen Pflanzen den Geschmackssinn von Tieren, um sie zur Mithilfe zu über-„reden" oder sie von für die Pflanze schädlichen Handlungen abzu-
bringen. Über den Einbau von bitteren Giftstoffen in Pflanzenteile, die nicht
von Tieren gegessen werden sollen, wurde schon in Abschn. 2.2 berichtet. Viele
Pflanzen verlassen sich aber auf Tiere, um ihre Samen weiterzuverbreiten. So
fällt ein Apfel oft nicht weit vom Stamm des Mutterbaumes, kann dort jedoch

nicht keimen. Durch das süße Fruchtfleisch des Apfels werden Tiere angelockt, die die leckere Frucht zum fressen nicht selten wegtragen. Die Apfelkerne jedoch sind bitter und giftig und werden deswegen meist nicht mitgegessen. Anders hat die Chili-Pflanze dieses Problem gelöst: Ihr rotes Fruchtfleisch ist nicht süß und die Samen auch nicht sonderlich gut geschützt. Die bevorzugte Verbreitung der Samen geschieht durch Vögel. Diese können mit wenigen Ausnahmen sowieso Süßes nicht schmecken, stehen dafür aber auf rote Früchte mit Umami-Geschmack. Vögel schlucken die Samen der Chilis oft mit, was aber kein Problem ist: Vögel kauen nicht und haben auch keine nennenswerte Magensäure, die die Samen zerstören würde. Die Samen werden auf natürlichem Weg (zusammen mit nützlichem Dünger) an anderer Stelle wieder ausgeschieden. Um sich vor kauenden Tieren mit Magensäure zu schützen, baut die Chili das für Säugetiere sehr scharf schmeckende Capsaicin ins Fruchtfleisch ein, welches Vögel nicht wahrnehmen.

In der Wissenschaft wird unter anderem daran getüftelt, wie der Geschmackssinn diagnostisch ausgenutzt werden kann. Ritzer et al. stellten 2017 ein Kaugummi vor, das bei Vorliegen einer Entzündung im Mundraum beim Kauen aus einem geschmacklosen Vorläufermolekül das extrem bittere Denatonium (s. Abb. 2.3) freisetzt. Der Patient ersetzt das Messgerät und zeigt mindestens durch den Gesichtsausdruck, ob eine Entzündung vorliegt. Das im Kaugummi enthaltene Molekül kann so modifiziert werden, dass es entweder bei jeder Entzündung oder nur wenn ein ganz bestimmter Erreger vorhanden ist, gepalten wird. Ein so konzipierter Test wäre schnell, spezifisch und ohne jegliche Technik durchführbar.

In der Lebensmittelindustrie geht es schon seit einigen Jahrzehnten nicht mehr primär darum, durch verarbeitete Nahrungsmittel die Versorgung der wachsenden Weltbevölkerung mit gesunden und nahrhaften Lebensmitteln sicherzustellen. Immer mehr muss sie Modetrends hinterherlaufen, wie „vegan", „natürlich", „funktional", „Allergen-frei" und „kalorienarm". Trotzdem sollen und müssen die Lebensmittel natürlich weiterhin gut schmecken, um auf dem Markt bestehen zu können. Neue Geschmacksstoffe werden daher von einigen Firmen im Hochdurchsatz-Verfahren an Zellen außerhalb eines Lebewesens getestet, die menschliche Geschmacksrezeptoren exprimieren (Riedel et al. 2017). Erfolgversprechende Kandidaten aus diesen Vortests müssen danach noch toxikologisch untersucht und am Ende durch geschulte Geschmacksprüfer bestätigt (oder verworfen) werden. Die meisten getesteten Substanzen sind dabei ursprünglich synthetisch hergestellte Moleküle. Nur wenige natürliche, also von Lebewesen synthetisierte Moleküle, stehen für solche Testreihen zur Verfügung. Dabei sind oft unterschiedliche Firmen an der Identifizierung, Austestung, Mixtur und Verwendung von Geschmacksmischungen im Lebensmittel beteiligt (effa 2018), die untereinander Geheimhaltung zur chemischen Zusammensetzung vereinbart haben. Daher ist es kaum möglich herauszufinden, welche Moleküle sich hinter dem Zusatzstoff „Aroma" verbergen.

Süßstoffe Neben den energieliefernden, „echten" Zuckern wie Saccharose aus Früchten oder Glukose, die im Mund aus Stärke freigesetzt wird, schmecken uns noch viele andere Moleküle süß (s. Abb. 2.5). Diese anderen süßen Moleküle wurden von Pflanzen oder Lebensmittelchemikern entworfen und schmecken zwar süß, liefern uns aber nur sehr wenig oder gar keine Energie. Sie werden unter der Bezeichnung Süßstoffe zusammengefasst.

Die **künstlichen Süßstoffe** sind meist per Zufall im Labor entstanden. Saccharin z. B. entstand als Zwischenprodukt bei chemischen Experimenten mit Kohleteer im Jahr 1879. Der Chemiker Constantin Fahlberg hatte vergessen, sich nach seinem langen Tag im Labor vor dem Essen die Hände zu waschen und stellte fest, dass sein Brot und Wasser übermäßig süß schmeckten. Schnell waren seine Finger als Verursacher dieses Phänomens entlarvt und in den folgenden Wochen auch der Stoff selbst im Labor isoliert und charakterisiert (Fahlberg 1886). Cyclamat entstand 1937 im Labor von Michael Sveda, als dieser eigentlich einen Fieber-senkenden Stoff synthetisieren wollte. Und Aspartam wurde 1965 durch James M. Schlatter entdeckt, als er eigentlich des Peptidhormon Gastrin herstellen wollte.

Aber auch die Pflanzen haben Süßstoffe nicht entwickelt, um uns Menschen das Leben zu versüßen. Die meisten **natürliche Süßstoffe** (Behrens et al. 2011) stammen aus Molekül-Familien, die für die Pflanzen vor allem Schutzwirkung haben: sie sollen vor Fraßfeinden schützen, gegen Infektionen durch Viren, Bakterien oder Pilze helfen, oder Schäden durch UV-Licht abmindern und Wasser in der Pflanze binden, wenn Dürre herrscht oder der Boden zu salzig ist. Dazu produzieren Pflanzen meist ein ganzes Arsenal an unterschiedlichsten Molekülen und es scheint dem Zufall geschuldet, dass einige davon für uns Menschen süß schmecken. Natürliche Süßstoffe sind daher auch nicht gesünder als künstliche Süßstoffe. Die meisten Süßstoffe, egal ob künstlich oder natürlich, weisen jedoch eine so viel höhere Süßkraft auf als der Haushaltszucker, dass allein die minimale konsumierte Menge schädliche Nebenwirkungen quasi ausschließt.

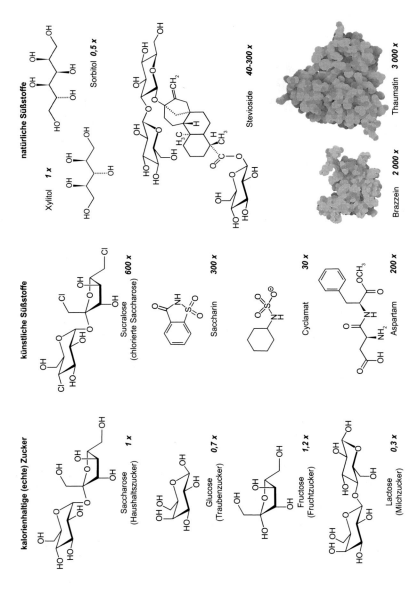

Abb. 2.5 kalorienhaltige Zucker und kalorienarme/-frei Süßstoffe; als Zahlenwert ist die Süßkraft von je einem Gramm im Vergleich mit Haushaltszucker angegeben. (Quelle: eigene Darstellung)

Einzige Ausnahme sind die Zuckeralkohole (Xylitol, Sorbitol). Sie haben keine besonders hohe Süßkraft und müssen daher in ähnlich hohen Mengen konsumiert werden wie Saccharose. Dadurch kann man sie zwar auch zum Kuchen backen verwenden, bekommt aber wegen dem Verbleib im Darm und der starken Wasserbindung auch nicht selten Durchfall von ihrem Genuss. Terpen-Glykoside, wie die Stevioside aus der Stevia-Pflanze oder die Mogroside aus der Mönchsfrucht, sind je nach Zusammensetzung recht variabel in ihrer Süßkraft und haben einen deutlichen bitteren Nachgeschmack. Sie sind daher auch nicht zum Süßen aller Speisen und Getränke geeignet. Überraschend war die Entdeckung, dass bestimmte Proteine aus Pflanzen (Thaumatin, Brazzein) einen sehr starken und langanhaltenden Süß-Geschmack haben. Ein Molekül Thaumatin z. B. ist ca. 100.000-fach süßer als ein Molekül Saccharose. Die Proteinoberfläche sieht der der Zuckermoleküle jedoch nicht ähnlich. Die süßen Proteine binden anscheinend nicht an dieselbe Stelle wie Zucker und kleinere Süßstoffe, sondern weiter unten an unseren Süß-Rezeptor und verklemmen ihn für längere Zeit in der aktiven Konformation (Goodsell 2016). Eine weitere skurrile Entdeckung sind die Geschmacks-umwandelnden Proteine Miraculin und Neocullin. Miraculin schmeckt bei neutralem pH-Wert gar nicht, Neocullin nur ganz leicht süß. Erst wenn Säure dazukommt, aktivieren beide Proteine den Süß-Rezeptor. Aber auch dieses erstaunliche Phänomen ist evolutiver Zufall, denn es funktioniert nur beim Süß-Rezeptor von einigen nahe verwandten Primaten, darunter eben auch uns Menschen.

Da Zucker-Lobby und Süßstoff-Lobby sich schon seit über einem Jahrhundert erbittert bekämpfen, gibt es eine gute Basis an vergleichenden Untersuchungen zu den Effekten der beiden Gruppen an süßen Molekülen im Mensch und Tier. Im Mund binden Zucker- genauso wie Süßstoff-Moleküle an denselben Süß-Rezeptor und vermitteln denselben bewussten Süß-Geschmack in unserem Gehirn. Mäuse, denen man genetisch den Süß-Rezeptor ausgeschaltet hatte, konnten Süßstoffe folgerichtig nicht mehr schmecken. Seltsamerweise war der Verlust des Süß-Geschmacks von „echten" Zuckern bei diesen Mäusen jedoch nicht komplett verschwunden. Eine mögliche Erklärung: auch Geschmackszellen nutzen Zucker zur eigenen Energieversorgung. Sie können Glukose aus dem Speichel über einen passiven Transporter (GLUT) und einen von Natrium-Ionen angetriebenen Transporter (SGLT1) aufnehmen und daraus ATP als intrazelluläre Energiewährung gewinnen. Das gebildete ATP ist interner Energielieferant, aber auch der Neurotransmitter, der die assoziierten Nerven erregt. Außerdem kann ATP bestimmte Kalium-Kanäle in der Membran schließen und so die Zelle ganz ohne den Signalweg des Süß-Rezeptors aktivieren. Die Beteiligung eines Natrium-abhängigen

Transporters am Süß-Geschmack liefert die Erklärung, warum Kochsalz (Natrium Chlorid) als Geschmacksverstärker für Zucker wirkt und eine Prise Salz zu jeder Süßspeise dazugehört. Es gibt also Unterschiede in den Effekten von Zuckern und Süßstoffen: nur kalorienhaltige Zucker lösen den winzigen, aber messbaren Insulin-Anstieg aus, der allein von Geschmackssinneszellen im Mund vermittelt wird (die sogenannte kephalische Phase-Insulin-Sekretion) und auch im weiteren Verlauf der Verdauung haben nur Zucker, nicht aber die Süßstoffe einen Effekt auf die Hormonfreisetzungen im Körper. Und nur die „echten" Zucker aktivieren im Gehirn das dopaminerge Belohnungssystem (Han et al. 2018). Dadurch sind die von der Zuckerindustrie vorgebrachten Bedenken, dass Süßstoffe zu einer Unterzuckerung führen oder gar süchtig machen könnten, entkräftet.

Umami-Stoffe Umami ist auch ein sehr beliebter Geschmack, der die nicht-süßen Lebensmittel attraktiv macht. Fleisch, andere tierische Lebensmittel, aber auch Hefe, Sellerie oder Tomaten enthalten besonders hohe Konzentrationen an den Umami-Molekülen Glutamat, Inosin- und Guanosinmonophosphat. Allerdings müssen diese durch ausgiebiges Kauen und Durchspeicheln im Mund erst freigesetzt werden. Ein rohes Stück Fleisch oder Fisch schmeckt also erstmal fad.

Anbraten, kochen, sauer einlegen oder in der Sonne trocknen kann schon einige große Moleküle zersetzen und damit das so vorbehandelte Nahrungsmittel schmackhafter machen. Um einen Umami-Geschmack möglichst ohne aufwendige Vorbehandlung in Nahrung zu erreichen, die eigentlich kaum Umami-Inhaltsstoffe hat, kann man zur „Würze" greifen: das ist die Mischung der drei Umami-Geschmacksmoleküle in freier Form. In erhitzten oder auf andere Art prozessierten, stark würzig schmeckenden Lebensmitteln sind noch weitere Umami-Stoffe gefunden worden. Diese entstehen vor allem durch die Verbindung von Zuckern mit Aminosäuren in der sogenannten Maillard-Reaktion (Behrens et al. 2011). Mit dem Alapyridain aus Glucose und Alanin wurde dabei tatsächlich auch ein echter Geschmacksverstärker gefunden, ein Molekül also, das keinen Eigengeschmack aufweist, aber den Umami- (und teilweise auch Süß-)Geschmack anderer Moleküle verstärkt. Einen besonders starken und lang anhaltenden Umami-Geschmack haben auch Moleküle, die aus dem Nukleotid Guanosinmonophosphat und Essig- oder Milchsäure beim Erhitzen entstehen. Sie wurden in getrocknetem und fermentiertem Thunfisch-Fleisch aus der japanischen Küche gefunden (s. Abb. 2.6).

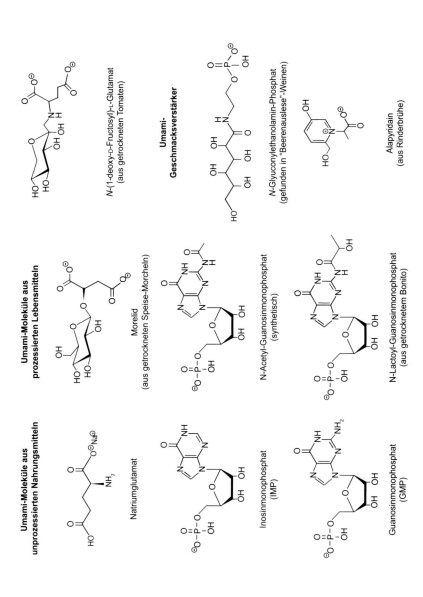

Abb. 2.6 Umami-Stoffe; werden zur Verwendung als Geschmackszusatzstoffe für Lebensmittel meist chemisch synthetisiert und nicht aus den genannten Lebensmitteln isoliert. (Quelle: eigene Darstellung)

Das Chinarestaurant-Syndrom

macht dem Umami-Geschmack zu schaffen. In den späten 1960er Jahren kursierten in der medizinischen Fachliteratur einige Fallberichte zu akuten Beschwerden mit Hautrötungen, Mundtrockenheit und Herzklopfen nach Besuch von chinesischen Restaurants. 1969 publizierten Schaumburg et al. detaillierte Untersuchungen an Menschen und sahen es als erwiesen an, dass das zugesetzte Natrium-Glutamat für die Symptome verantwortlich sei. Da wir mit der normalen Nahrung etwa 10 g Natrium-Glutamat jeden Tag ohne Beschwerden aufnehmen, war die Hypothese von Anfang an nicht überzeugend. Auch wenn nicht bekannt ist, welche Ursachen die Symptome aus den ersten Fallberichten in den 1960er Jahren hatten, haben mittlerweile Doppelblindstudien den ursächlichen Zusammenhang mit Glutamat widerlegt. Bei einigen Personen, die von sich selbst behaupten, an dem Syndrom zu leiden, scheint es sich vor allem um einen Nocebo-Effekt zu handeln. Allein die Befürchtung, dass Glutamat als Geschmacksverstärker im Essen ist, führt zu vermeintlich Glutamat-spezifischen Beschwerden.

Obwohl nach wissenschaftlicher Datenlage Natrium-Glutamat als gesundheitlich völlig unbedenklich einzustufen ist, werden die Umami-Stoffe den schlechten Ruf nicht wieder los. Um klare Brühe und Würze doch noch vermarkten zu können, wurden viele Gerichte bald mit Hefeextrakt angeboten, das Glutamat und Nukleotiden natürlicherweise enthält. Wenige Zeit später war auch Hefeextrakt als „der neue Geschmacksverstärker" entlarvt und musste ersetzt werden. Ohne Hefe, Glutamat und Nukleotide bleibt nur noch Sellerie-Pulver als Würze übrig. Aber auch die bisher unauffällige Sellerie-Knolle könnte bald ins Kreuzfeuer geraten, wurde sie doch in einem ZEIT-Artikel (Faßbender 2018) als „natürliches Glutamat" und mit den Worten „mehr Umami geht nicht" angepriesen. Zudem muss Sellerie als Allergen gekennzeichnet werden. Also doch wieder zurück zu den reinen Chemikalien?

Bitterblocker Der bittere Geschmack z. B. von Medikamenten oder bestimmten Nahrungs- oder Genussmitteln lässt sich auf verschiedene Arten zumindest teilweise unterdrücken (Bennett et al. 2012):

A) Bindung des Bitterstoffs an ein anderes Molekül, sodass er für die Bindung an den Bitter-Rezeptor nicht mehr zur Verfügung steht;
B) direkte Blockade der Bindungsstelle für das Bittermolekül am Rezeptor durch ein anderes Molekül, das den Rezeptor nicht aktiviert (Antagonist);
C) gleichzeitige Stimulation anderer Geschmacksrichtungen, die durch Verrechnung in der Geschmacksknospe oder auch erst im Gehirn den Bitter-Geschmack nicht mehr so aufdringlich erscheinen lassen.

Bei Variante A) kommt es auf die Eigenschaften des bitteren Moleküls an, ob der Trick funktioniert. Einige Bitterstoffe wie z. B. Chinin sind besser in Fett als in Wasser löslich und können so durch Zugabe von Fett daran gehindert werden, in den wässrigen Speichel und damit an den Rezeptor zu gelangen. Bei gut wasserlöslichen Bitterstoffen, wie dem Koffein im Kaffee, funktioniert dieser Trick nicht. Noch spezifischer für den einzelnen Bitterstoff ist der Einsatz von Cyclodextrinen. Das sind ringförmige Moleküle aus Zucker-Einheiten, die je nach Größe des Rings bestimmten Bitterstoffen in ihrem Inneren Platz bieten. Die Bitterstoffe werden also in einem Zuckerring versteckt.

Bei Variante B) sind die Rezeptormoleküle selbst das Ziel. Mindestens 13 unterschiedliche Moleküle sind bekannt, die verschiedene Bitter-Rezeptoren blockieren können (Jaggupilli et al. 2016). Die meisten blockieren nur einen der 25 Bitter-Rezeptoren. Eines der Moleküle kann zehn verschiedene Rezeptoren blockieren, aber „den" einen Bitterblocker für alle 25 wird es aller Voraussicht nach nie geben.

Kombinierte Süßkraft gegen den bitteren Beigeschmack
Die künstlichen Süßstoffe Saccharin und Cyclamat haben neben ihrer enormen Süßkraft leider auch einen bitteren Beigeschmack, da sie auch einzelne Bitter-Rezeptoren aktivieren. Eine Mischung aus Saccharin und Cyclamat ist jedoch deutlich weniger bitter, weswegen die beiden Süßstoffe seit vielen Jahrzehnten überwiegend in Kombination angeboten werden. Behrens et al. (2017) haben nun zeigen können, dass beide Moleküle auch als Bitterblocker aktiv sind. Dabei blockiert Cyclamat die Bitterrezeptoren, die von Saccharin stimuliert werden und umgekehrt hemmt Saccharin den von Cyclamat aktivierten Bitterrezeptor.

Bei Variante C) kann man unsere eigene Art der Wahrnehmung zu Hilfe nehmen. Wie schon erwähnt, beeinflussen sich verschiedene Geschmackssinneszellen bereits innerhalb einer Geschmacksknospe gegenseitig und auch im Gehirn werden Geschmacksinformationen kontextbezogen bewertet. In Bezug auf die ungeliebten Geschmacksrichtungen Sauer und Bitter bedeutet dies: je mehr positiven Geschmack das Lebensmittel gleichzeitig zu bieten hat, also süß, umami und evtl. auch salzig, umso weniger unangenehm ist für uns der saure und bittere Geschmack. Ein Löffel Zucker kann also nicht nur Kaffee, sondern auch ein Brokkoli-Gericht deutlich angenehmer schmecken lassen. Und wer hat es noch nicht erlebt: Orangensaft schmeckt direkt nach dem Zähneputzen nur sauer und bitter. Die Detergentien in der Zahnpasta haben nämlich kurzfristig die Süß-Rezeptoren außer Funktion gesetzt.

Bei den Bitterblockern gibt es keine Widerstände traditioneller Lebensmittelfirmen wie bei der Zuckerindustrie und den Süßstoffen. Trotzdem gibt es auch hier Bedenken, ob ein Ausschalten des bitteren Geschmacks wirklich letztlich positiv für uns Menschen ist (Molteri M. 2016). Denn es ist sicher sinnvoll, den Verzehr von Bitterstoffen (=Gifte!) möglichst zu limitieren. Bitterkeit ist mehr, als nur ein schlechter Geschmack, der nicht mehr in das moderne Lebensgefühl passt. Bittere Moleküle beeinflussen auch Verdauung, Stoffwechsel und Immunabwehr (s. Kap. 3).

Fettersatzstoffe Fett ist unsere kaloriendichteste Nahrungskomponente und in Zeiten des Schlankheitswahns stark in Verruf geraten. Trotzdem schmecken uns frittierte Pommes einfach besser, als gekochte Kartoffeln. Wäre es nicht toll, Ersatzstoffe zu haben, die Geschmack und Mundgefühl von Fett nachempfinden, aber nicht die Kalorien? Bisher sind nur Stoffe auf dem Markt, die das Mundgefühl, nicht aber den eigentlichen Geschmack von Fett simulieren können. Saccharosepolyester (Fettsäuren hängen an Saccharose statt an Glycerin, zum Vergleich s. Abb. 2.2) wie das in den USA zugelassene Olestra haben den Vorteil, dass sie auch zum Braten und Backen verwendet werden können, während Fettaustauschstoffe auf Kohlenhydrat- oder Eiweißbasis nur für Kaltspeisen geeignet sind. Zu den letzteren gehören die in der EU zugelassenen Fettaustauschstoffe Carrageen aus Rotalgen, Simplesse aus Molkeneiweiß, Maltrin und Paselli SA2 aus Stärke und Inulin, ein pflanzliches Speicherkohlenhydrat. Ob es nun am fehlenden Fett-Geschmack im Mund liegt oder an den fehlenden Kalorien, Versuchstiere und Menschen registrieren unbewusst den Fettmangel und reagieren mit weniger Sättigungsgefühl nach den fettreduzierten Mahlzeiten. Auch Gourmets konnten bislang noch nicht von der gleichwertigen Geschmacksqualität fettarmer Varianten eines Lebensmittels überzeugt werden (Starz, S. 2017).

Kokumi-Stoffe Ein positives Mundgefühl und anhaltender Geschmacksreichtum wird durch Liganden des Calcium-sensitiven Rezeptors (CaSR) vermittelt. Da Calcium selbst aber einen bitteren Beigeschmack hat und auch nur sehr begrenzt löslich ist (Kalk als Calciumcarbonat oder Kalkseifen in Verbindung mit Fettsäuren), sucht die Lebensmittelindustrie nach anderen Molekülen, die den CaSR aktivieren. Noch bevor der Kokumi-Geschmackseindruck mit einem Calcium-Rezeptor in Verbindung gebracht wurde, entdeckten Ueda et al. 1990 Kokumi-Geschmacksstoffe in Knoblauchextrakten, die für sich genommen geschmacklos waren. Wurde dieses Extrakt jedoch zu Glutamat und Inosinmonophosphat dazugegeben, dann konnten die Testpersonen deutlichen Knoblauchgeschmack mit dem typischen Mundgefühl für Kokumi wahrnehmen. In diesem ersten Versuch wurden schwefelhaltige Moleküle als die entscheidenden Kokumi-Stoffe publiziert. Unter ihnen auch Glutathion, ein Peptid aus den drei Aminosäuren γ-Glutamat-Cystein-Glycin. Diese hatten aber auch immer eine schwefelige Geruchskomponente, sodass zu Beginn der Forschung dieser Geruch mit Kokumi in Verbindung gebracht wurde. Die folgende intensive Suche nach Molekülen mit Kokumi-Eigenschaften zeigte, dass nicht der Schwefel, sondern das γ-Glutamat im Peptid den Ausschlag gab. Zurzeit ist das Peptid aus γ-Glutamat, Valin und Glycin der stärkste bekannte Kokumi-Stoff (Amino et al. 2016). Es werden immer neue Nahrungsmittel entdeckt, die dieses Peptid enthalten. Derzeit stehen Fisch- und Soja-Sauce, Hefeextrakt, Garnelenpaste und Käse auf der Liste ganz oben.

Schmecken an ungewöhnlichen Orten 3

Seit den ersten Hinweisen auf Geschmacksrezeptoren und Signalkomponenten außerhalb des Mundes sind „schmeckende" Zellen in fast jedem untersuchten Organ identifiziert worden. Diese erschmecken meist dieselben Moleküle wie die klassischen Geschmackszellen im Mund und geben dem Organ detaillierte Hinweise über die aktuelle lokale Ernährungssituation. Wo Bitter-Rezeptoren im Spiel sind, handelt es sich meist – wie auch im Mund – um eine Warnung vor Giften oder auch Erregern. Skepsis ist jedoch angebracht, wenn die klassischen Süß- und Umami-Rezeptoren aus T1Rs für Effekte innerhalb unseres Körpers verantwortlich gemacht werden. Diese Rezeptor-Dimere sind recht unempfindlich für Zucker und Aminosäuren und werden erst bei Konzentrationen aktiviert, die innerhalb des Körpers nicht vorkommen.

Die Entdeckung und Aufklärung des extraoralen Geschmacks eröffnet völlig neue Möglichkeiten für die Entwicklung spezifischer Medikamente. So sind Bitterstoffe, die glatte Muskelzellen in den Bronchien entspannen, vielleicht schon bald in Asthma-Sprays enthalten (Shaik et al. 2016). Aus solch sehr spezifischen, lokalen Wirkungen von Geschmacksmolekülen auf einzelne Rezeptoren in einzelnen Organen gleich Ernährungsempfehlungen ableiten zu wollen, wäre jedoch viel zu kurz gegriffen. Wird die Ernährung umgestellt, so trifft dies auf komplexeste Art und Weise gleich alle Organe – die meisten Effekte können wir nicht vorhersagen und sind im Zweifelsfall schädlich für den Organismus als Ganzes.

© Springer Fachmedien Wiesbaden GmbH, ein Teil von Springer Nature 2019 41
P. Schling, *Der Geschmack,* essentials,
https://doi.org/10.1007/978-3-658-25214-4_3

3.1   Schmecken jenseits vom Mund in Magen und Darm

Im Magen und vor allem Darm gibt es zwei Zelltypen, die Geschmacksrezeptoren und die nötigen Elemente der Signalkaskade enthalten: die solitären chemosensitiven Zellen (auch Tuft-cells genannt) und die enteroendokrinen Zellen, die Hormone in den Blutstrom abgeben können. Im Verdauungstrakt hat der Geschmackssinn, also spezialisierte Zellen mit Geschmacksrezeptoren, zwei wichtige Aufgaben: einmal regeln sie die Verdauungsabläufe und das Sättigungsgefühl je nach ankommender Nahrung, zweitens sind sie wichtige Sensoren und Regelstellen für das Zusammenleben mit all den Viren, Bakterien, anderen Einzellern und Würmern in den unteren Darmabschnitten.

Koordination der Verdauung und des Füllungsgrads von Magen und Darm Unser Geschmackssinn auf der Zunge entscheidet vor allem über Schlucken oder Spucken und nur die Infos aus dem Mund lassen uns bewusst werden, was wir da essen. Wenn wir aber nun etwas geschluckt haben, dann akzeptieren das Magen und Darm nicht einfach, sondern kontrollieren und regeln auf dem ganzen Weg weiter. Die wichtigsten Stellschrauben sind Geschwindigkeit der Magenleerung (und in welche Richtung), Menge an Verdauungssekret aus Bauchspeicheldrüse und Gallenblase, Geschwindigkeit und Stärke der Darmbewegung, Ausstattung der Darmzellen mit Transportern und wie schnell die aufgenommenen Stoffe durch den Dickdarm nach außen befördert werden. Dabei beschleunigen bittere und scharfe Moleküle die Darmpassage, während Fettig und Umami eher verlangsamen, um eine komplette Aufnahme zu gewährleisten. Glukose führt zu einer Hochregulation der entsprechenden Zucker-Transporter im Dünndarm, damit uns keines der süßen Moleküle verloren geht. Bei den Sättigungshormonen gehen die Effekte für bitter, scharf, süß, fettig und umami häufig in eine ähnliche Richtung, denn wir sollen sowohl aufhören zu essen, wenn die Nahrung giftig oder schmerzhaft ist, als auch, wenn wir genug Energie und Bausteine aufgenommen haben (Steensels und Depoortere 2018).

Wurmalarm Die solitären chemosensitiven Zellen können offenbar harmlose Protozoen (kleine Einzeller) und unerwünschte Würmer „schmecken". Sie verfügen über Bitter- und Umami-Rezeptoren, aber welche Moleküle an welche Rezeptoren binden und einen Wurm verraten, ist bisher unbekannt (Lu et al. 2017). Während sie bei den Symbionten nur mäßig aktiv werden, um deren Zahl im angemessenen Rahmen zu halten, schlagen sie bei gefährlichen Parasiten Alarm. Dazu schütten sie vermehrt einen Botenstoff, das Interleukin 25 (IL25), aus. IL25 ruft eine spezielle Klasse an Immunzellen, die „innate lymphoid cells type 2" (ILC2), auf den Plan, die nun ein weiteres Interleukin, IL13, ausschütten. IL13 wiederum führt zu einer Vermehrung und Aktivierung der Becherzellen (Schleim-produzierende Zellen) und auch der solitären chemosensitiven Zellen (positive Rückkopplung!). Im Ruhezustand (ohne Wurm) besteht das Epithel im Dünndarm hauptsächlich aus den resorptiven Epithelzellen, die emsig Nahrungs-moleküle aufnehmen und ins Blut abgeben. Becherzellen machen 4–10 % der Zellen aus und die solitären chemosensitiven Zellen weniger als 1 %. Durch das IL13 aus den ILC2 verdoppeln sich die Becherzellen und verzehnfachen sich die solitären chemosensitiven Zellen. Die Becherzellen sezernieren nicht nur mehr Schleim, sondern produzieren nun auch spezielle Schleimmoleküle, die den Schleim zäher und für die Würmer ungenießbarer machen. So kommt es zu einem „Ausschleimen" der Würmer mit dem Stuhl typischerweise innerhalb 10–14 Tagen.

Bitter als Aperitif oder der Kräuterbitter danach? Ein Aperitif soll unter anderem den Appetit anregen. Unter den klassischen Aperitifs befinden sich mit Aperol und Campari auch bittere Varianten. Hier wirkt vermutlich der kurze Anstieg an dem Hungerhormon Ghrelin, das endokrine Zellen aus dem Magen als Reaktion auf Bitterstoffe ausschütten. Letztlich hemmen die Bitterstoffe jedoch die Magenleerung und fördern das Sättigungsgefühl. Ein bitteres alkoholisches Getränk nach einem üppigen Mahl kann also auch das Völlegefühl verlängern. Im Darm angekommen, fördert es jedoch die Verdauung vor allem fettiger Speisen, da es die Galle-Zufuhr steigert und die Darmbewegung anregt. Auf das richtige Timing kommt es an.

3.2   Wie süß darf es sein? Bauchspeicheldrüse und Gehirn

Zucker mögen alle unsere Zellen gerne und eigentlich können wir nicht zu viel davon bekommen. Daher wird im Darm die Aufnahmekapazität hochreguliert, wenn dort viel Zucker registriert wird. Die Bauchspeicheldrüse reguliert, wel-che Organe sich an dem aufgenommenen Zucker im Blut laben dürfen: Ist die Glukose-Konzentration hoch (über 5–6 mM), schütten die β-Zellen der Bauch-speicheldrüse ihr Hormon Insulin aus, dann dürfen auch Herz-, Skelettmuskel und Fettgewebe die Glukose-Moleküle aufnehmen und speichern. Bei niedrigem Blutzuckerspiegel (unter 5 mM) ohne Insulin bleibt der Zucker für die anderen übrig, darunter vor allen das Gehirn und die roten Blutkörperchen, die ohne Glu-kose nicht überlebensfähig sind.

Die β-Zellen der **Bauchspeicheldrüse** haben daher ein ausgeklügeltes und noch nicht im letzten Detail verstandenes Messsystem für den Blutzuckerspiegel. Glucose kann an einen Süß-Rezeptor auf der Zelloberfläche binden oder kann in die Zelle aufgenommen werden, um dort verstoffwechselt zu werden. Beides ist wichtig für eine angepasste Insulin-Ausschüttung. Der Süß-Rezeptor in β-Zellen besteht dabei nicht aus den klassischen Untereinheiten T1R2 und T1R3 wie im Mund (Kojima et al. 2017). Dieser Rezeptor bindet vor allem an Saccharose, den klassischen Haushaltszucker. Der Blutzucker Glukose aber aktiviert ihn erst ab Konzentrationen um 50 mM. Einen so hohen Blutzuckerspiegel haben selbst stark diabetische Patienten nicht. Neben T1R3 exprimieren die β-Zellen der Bauchspeicheldrüse den Calcium-sensitiven Rezeptor (CaSR). Dieser kann neben Calcium-Ionen auch an Glukose binden und das schon bei deutlich niedrigeren Konzentrationen von etwa 3 mM. Untersuchungen legen nahe, dass sich daher in der Zellmembran der β-Zellen neben den Paaren aus gleichartigen Rezeptor-Proteinen T1R3/T1R3 (zu schwache Glukose-Bindung) und CaSR/CaSR (zu starke Glukose-Bindung) vor allem gemischte Paare aus T1R3/CaSR bilden, die bei Glukose-Konzentrationen um 8 mM aktiviert werden. So kann die Bauchspeicheldrüse sehr genau registrieren, wann sie wie viel Insulin ausschütten sollte. Der Süß-Rezeptor aus T1R3 und CaSR bindet übrigens künstliche Süßstoffe wie Sucralose wesentlich schwächer, als der klassische Süß-Rezeptor aus T1R2 und T1R3. Da von den winzigen Mengen an künstlichen Süßstoffen, die zum Süßen von Speisen und Getränken verwendet werden, nur ca. 5 % überhaupt im Darm aufgenommen werden, erreichen sie im Blut nicht die nötigen Konzentrationen, um eine Insulin-Ausschüttung der Bauchspeicheldrüse zu bewirken.

Die Informationen, wie viel Zucker wir noch brauchen, um alle Zellen im Körper zufriedenzustellen, werden letztlich im Gehirn gesammelt. Dort gibt es eine Ansammlung an Nervenzellen, die **Hypothalamus** genannt wird. Im Hypothalamus befinden sich die Stellschrauben für wichtige Regelkreise, darunter auch Hunger und Sättigung für die Nahrungsaufnahme. Dazu messen bestimmte Neuronen im Hypothalamus auch den Blutzucker. Ist dieser zu niedrig, steigt unsere Motivation, mehr Kohlenhydrate zu uns zu nehmen: Wir bekommen Hunger. Wie diese Neuronen die Glukose-Konzentration messen, ist noch kaum verstanden. Sie haben eine ähnliche Ausstattung an Sensoren wie die β-Zellen der Bauchspeicheldrüse und reagieren vermutlich vor allem auf die Aufnahme und den Stoffwechsel der Glukose. Sie tragen auf ihrer Oberfläche jedoch auch den klassischen Süß-Rezeptor aus T1R2 und T1R3, der aber kaum bei normalen Blutzuckerschwankungen reagieren dürfte, und dessen Funktion damit noch ungeklärt ist. Der Hypothalamus reguliert die beiden Empfindungen Hunger und Sättigung übrigens nicht gleich streng: sinkt der Blutzuckerspiegel, löst er ein starkes

Hungergefühl aus, steigt der Blutzuckerspiegel, dann wird der Hunger weniger. Deswegen können wir auch mal an etwas anderes denken, als an Essen, und suchen nicht aktiv danach. Steht etwas Leckeres, Süßes und Fettiges aber unverhofft vor uns, greifen wir trotzdem zu. Ein gut gefüllter Kalorienspeicher für schlechtere Zeiten kann aus Sicht unseres Hypothalamus ja nicht schaden.

3.3   Der Geschmack von Bakterien – Nase und Lunge sind wachsam

Unsere Atemwege kommen mit jedem Atemzug in Kontakt mit Erregern, die nur zu gerne die feuchten, warmen und nährstoffhaltigen Schleimhäute besiedeln würden. Dem stellt sich als erste Verteidigungslinie die oberste Zellschicht, das Epithel, mit seinem angeborenen, unspezifischen Immunsystem entgegen. Da es aber bei jedem Kampf auch immer Kollateralschäden gibt, sollte nicht jedes einzelne Bakterium gleich eine fulminante Sinusitis oder Lungenentzündung hervorrufen. Also können unsere Nase und auch die Lunge „schmecken", wie viele Bakterien gerade auf der Oberfläche oder im Schleim leben (Lee und Cohen 2014) und die Abwehrreaktionen bei Bedarf entsprechend intensivieren.

Der häufigste Zelltyp, der die Oberfläche der Nase und Lunge auskleidet, ist die Zilienzelle. Zwischen den Zilienzellen sitzen die Becherzellen. Sie sezernieren einen zähen, klebrigen Schleim (Gelschicht), der auf einer wässrigen, sehr flüssigen Solschicht schwimmt. Die Zilienzellen tragen auf ihrer Oberfläche dünne, aktiv bewegliche Zellausstülpungen, die in voller Länge ausgesteckt in die Gelschicht ragen. Durch eine koordinierte Bewegung Richtung Rachen bewegen sie den Schleim kontinuierlich nach oben. Nach einem solchen Zilienschlag kann ein Zilium dann gekrümmt und fast ohne Widerstand durch die Solschicht zurückgezogen werden. In dem Schleim bleiben die meisten eingeatmeten Erreger und Dreckpartikel kleben und werden dann durch den Zilienschlag rachenwärts befördert, um verschluckt, abgehustet oder ausgeniest zu werden. Dieser Vorgang wird „mukoziliäre Clearance" genannt. Neben dieser mechanischen Abwehr verfügen die Zilienzellen auch noch über mindestens zwei potente chemische Kampfstoffe: Das Radikal Stickstoffmonoxid (NO) und die antimikrobiellen Peptide (AMPs). Beide Stoffe töten Bakterien und andere Erreger direkt ab und verhindern so eine zu schnelle Vermehrung während des Abtransports.

Epithelien können „schmecken", wie viele Bakterien gerade im Schleim leben (Abb. 3.1). Danach entscheidet sich, wie schnell die Zilien schlagen und wie viel NO und AMPs ausgeschüttet werden müssen. Zilienzellen besitzen dafür auf ihren Ausstülpungen Bitter-Rezeptoren, beim Menschen sind es vor allem die Bitter-Rezeptoren mit den Nummern 4, 38, 43 und 46. Nummer 38 (T2R38)

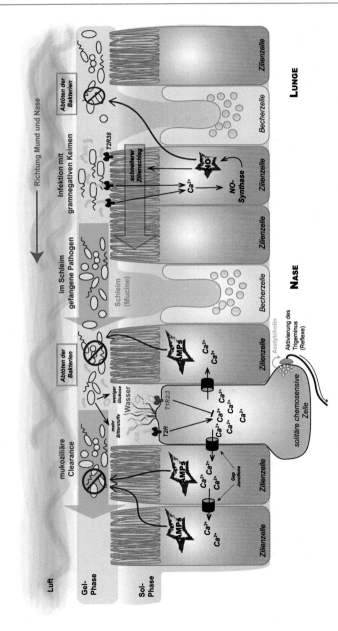

Abb. 3.1 Abwehrmechanismen der Atemwege und Regulation durch Bitter und Süß-Rezeptoren; Abkürzungen: AMPs, antimikrobielle Peptide; AHL, N-Acyl-Homoserin-Lacton; Ca²⁺, Calcium-Ionen; NO, Stickstoffmonoxid; T1R2/3, Süß-Rezeptor; T2R; Bitter-Rezeptor. (Quelle: eigene Darstellung)

N-Acyl-Homoserin-Lacton   **Glukose**

Abb. 3.2 „Geschmacks"-Moleküle im Nasen- und Lungenschleim, die über die Bakterien-dichte Auskunft geben. (Quelle: eigene Darstellung)

ist dabei besonders wichtig für die Zilienzellen in den Nasennebenhöhlen. Ohne T2R38 wären diese quasi wehrlos. Aber warum schmecken Bakterien bitter? Sie produzieren ein Molekül namens N-**A**cyl-**H**omoserin-**L**acton (AHL, s. Abb. 3.2). Bakterien nutzen AHL, um damit die eigene Populationsdichte bestimmen zu können. Der Effekt wird Quorum sensing genannt und regelt die Arbeitsteilung zwischen Bakterien einer Art, wie z. B. die Ausbildung von Biofilmen, die erst ab einer gewissen Zelldichte Sinn macht. Dass AHL an T2Rs binden und damit eben auch bitter schmecken ist sicher nicht gewollt von den Bakterien, denn so geben sie unseren Oberflächenzellen ebenfalls die Information, wie viele sie sind und ob es sich lohnt, die Abwehrreaktionen hochzufahren.

Wenn AHL-Moleküle an die Bitter-Rezeptoren der Zilienzellen binden, dann führt dies im Zellinneren über die bereits beschriebenen Signalwege (s. Abschn. 2.1) zu einem Anstieg an freien Calcium-Ionen im Zellinneren. Dieses Calcium beschleunigt zum einen den Zilienschlag und aktiviert zum anderen ein Enzym, das die Bildung von Stickstoffmonoxid zum Abtöten der Bakterien beschleunigt.

Schmecker und Nicht-Schmecker
Den **Bitter-Rezeptor Nummer 38 (T2R38)** lernen Schüler meist kennen, wenn die Mendelschen Vererbungsregeln erklärt werden. Jeder bekommt Teststreifen mit der Chemikalie Phenylthiocarbamid (PTC) und darf testen, ob diese bitter schmeckt. Dasselbe dann zuhause mit den Eltern. Von dem Gen, das für den T2R38 codiert, gibt es in der hellhäutigen, europäischen Bevölkerung nämlich nur zwei Varianten: eine funktionierende, und eine defekte. Homozygote (zwei intakte Kopien des Gens) und heterozygote (eine intakte und eine defekte Kopie) Träger der funktionierenden Variante können PTC schmecken, die anderen nicht. Nicht-Schmecker machen ca. 30 % der Bevölkerung aus.

Nicht-Schmecker finden jedoch nicht nur die Papierstreifen langweilig, sondern ihnen fehlt auch eine der Möglichkeiten, die Bakteriendichte in der Nase und Lunge zu messen und den Zilienschlag entsprechend anzupassen. Sie leiden dementsprechend häufiger und heftiger unter chronischen **Nasennebenhöhlenentzündungen**. Und neue Medikamente auf Bitterstoff-Basis, die einen besseren Abtransport von Schleim aus Nase und Bronchien bewirken sollen, werden bei ihnen kaum helfen (Shaik et al. 2016).

Neben der direkten Stimulation der Zilienzellen durch Bitterstoffe kommen in den Epithelien der Atemwege noch echte Sinneszellen vor. Sie haben keine eigenen Abwehrmechanismen, geben das Signal aber an Nachbarzellen und Nerven weiter. Unter normalen Bedingungen machen sie etwa 1 % der Zellen im respiratorischen Epithel aus. Weil sie so einsam sind, heißen sie solitäre chemosensitive Zellen. Sie sehen den Sinneszellen Typ 2 in den Geschmacksknospen sehr ähnlich. Vor allem haben sie auch den markanten Schopf aus feinen Zellausstülpungen (Mikrovilli), der nach außen ragt und die Geschmacksrezeptoren trägt. Im englischen werden sie daher auch als Büschel- oder Schopf-Zellen („brush cells" oder „tuft cells") bezeichnet. Sie haben nicht nur verschiedene Bitter-Rezeptoren, um die AHLs zu schmecken, sondern auch den klassischen Süß-Rezeptor, der die Glukose-Konzentration misst. Glukose dämpft dabei die Reaktion der solitären chemosensitiven Zelle auf Bitterstoffe. Wie genau das passiert, ist bisher noch nicht verstanden. Weil Bakterien die Glukose-Konzentration in den Flüssigkeiten auf Nase und Lunge verbrauchen, steigern sie so vielleicht noch die Empfindlichkeit der solitären chemosensitiven Zellen für AHL und damit auch die Signalweitergabe an die Nachbarzellen und den Aufruf zur Abwehrreaktion.

Auch in den solitären chemosensitiven Zellen führt die Bindung von Bitterstoffen an den T2R zu einem intrazellulären Anstieg an Calcium-Ionen. Diese gelangen über Kanäle zwischen Zellen, den sogenannten „gap junctions", in benachbarte Zilienzellen und stimulieren hier die Freisetzung von antimikrobiellen Peptiden (AMPs). Gleichzeitig erregen sie aber auch die Sensorzelle elektrisch und aktivieren (zumindest bei der Maus) über Acetylcholin-Ausschüttung trigeminale Nerven. Indirekt kitzeln die Bakterien also die Nase und werden durch den ausgelösten Nies-Reflex in hohem Bogen herausgeschleudert.

Unterhalb der Schleimschicht und der Epithelzellen befindet sich in den unteren Atemwegen der Lunge eine Schicht an glatten Muskelzellen. Diese regulieren durch Ihre Kontraktion oder Entspannung die Belüftung der tiefer gelegenen

Lungenbereiche. Sie tragen ebenfalls T2R-Rezeptoren und können daher auch auf eine Zunahme der Bakteriendichte reagieren. Obwohl auch diese Zellen auf die Stimulation mit Bitterstoffen mit einem intrazellulären Calcium-Anstieg reagieren, eine Situation, die bisher immer mit einer Kontraktion einherging, entspannen sie sich, wenn das Signal vom Bitter-Rezeptor stammt. Wie genau Calcium-Ionen einmal die eine und einmal die andere Wirkung haben können, ist ein spannendes Forschungsfeld. Wahrscheinlich sind es die genaue Lokalisation (wo) und der genaue Zeitpunkt (wann) des Calcium-Impulses, die den Unterschied ausmachen. Letztlich wirkt hier – entgegen aller anderen Zellen – die Bitter-Signalkaskade einer elektrischen Erregung der Zelle entgegen und führt zu deren Entspannung. Bitterstoffe aus Bakterien stellen also die Atemwege weit, damit der infizierte Schleim durch den Zilienschlag auch effizient abtransportiert werden kann.

Asthma
ist eine Krankheit, bei der diese glatten Muskelzellen zu stark kontrahieren, sich übermäßig vermehren und einen ausreichenden Abtransport von Schleim und Krankheitserregern aus der Lunge erschweren. Die Kontraktion wird durch eine Vielzahl unterschiedlicher lokaler Faktoren ausgelöst. Bei einer Asthma-Attacke ist es kaum möglich, alle gleichzeitig zu hemmen, weswegen hauptsächlich direkte Bronchodilatatoren verwendet werden, meist Agonisten für den β_2-adrenergen Rezeptor. Leider sind die β_2-Rezeptoren jedoch bei einer chronischen Entzündung, wie sie oft auch bei Asthmatikern auftritt, herunterreguliert. Die Wirkung des Medikaments ist daher häufig eingeschränkt. Hier könnten Bitterstoffe helfen. Die Bitter-Rezeptoren werden nicht oder nur wenig durch Entzündungen beeinflusst und Bitterstoffe wirken zumindest im Maus-Modell deutlich besser bei einer Asthma-Attacke, als der β_2-Agonist (Shaik et al. 2016).

Die **Harnröhre** ist die Verbindung der Harnblase nach außen, und es droht Gefahr von einwandernden Bakterien. Hier befinden sich ganz ähnliche Sinneszellen wie in der Nase und Lunge. Sie werden Urethra Schopf-Zellen (urethral brush cells = UBS) genannt. Im Gegensatz zu den Verwandten aus den Atemwegen können sie neben bitter allerdings umami statt süß „schmecken". Beide Stimuli bedeuten für die Harnwege Gefahr: viele bakterielle Produkte sind bitter und Glutamat (umami) fördert das bakterielle Wachstum im Urin (Kandel et al. 2018). Werden die Sinneszellen durch Bitterstoffe oder Glutamat erregt, dann schütten sie den Botenstoff Acetylcholin aus und stimulieren angeschlossene sensorische Nerven. Durch diese wird reflexartig der Harndrang ausgelöst, um die ungeliebten Mitbewohner aus den Harnwegen auszuspülen. Diese Zellen sind also der Grund, warum eine bakterielle Blasenentzündung mit dem ständigen Gefühl verbunden ist, urinieren zu müssen.

3.4   Bittere Medizin – gut oder schlecht?

Das Grundprinzip Bitter = giftig sollten Sie nicht aus den Augen verlieren, denn es gilt natürlich auch für Medikamente.

Die meisten Medikamente schmecken bitter und sind für einen Gesunden auch giftig. Bei einer Erkrankung kann die giftige Wirkung jedoch Vorteile haben. Das beste Beispiel ist die Malaria, die immer noch hunderttausende Todesopfer jedes Jahr fordert. Malaria-Parasiten verstecken sich in einer ihrer Entwicklungsphasen in den roten Blutkörperchen vor unserem Immunsystem. Dort ernähren sie sich vom roten Blutfarbstoff, dem Hämoglobin. Während sie das Globin essen, bleibt das giftige Häm übrig. Zwei Bitterstoffe, Chinin und Chloroquin, verhindern, dass die Malaria-Parasiten das Häm entsorgen können, sodass der Parasit daran stirbt. Trotzdem ist Chinin und etwas weniger Chloroquin durchaus giftig auch für den Patienten. Neben den typischen Wirkungen von Bitterstoffen (Magen-Darm-Beschwerden) hemmt Chinin auch relativ unspezifisch diverse Kationenkanäle und damit die Erregbarkeit von Muskel- und Nervenzellen. Wenn Chinin jedoch hilft, die Malaria-Infektion zu überleben, dann werden die Nebenwirkungen in Kauf genommen. Das Nutzen:Risiko-Verhältnis ist bei einer Malaria-Erkrankung also positiv.

PROP gegen Hyperthyreose
Seit 2015 ist bekannt (Clark et al. 2015), dass Thyreocyten – die funktionell wichtigsten Zellen der Schilddrüse – ebenfalls Bitterstoffe „schmecken" können. Sie tragen mehrere T2R, darunter auch der T2R38, auf ihrer Zelloberfläche und reagieren auf die entsprechenden Liganden mit einem verminderten Iodid-Transport in den Follikeln, in dem die Schilddrüsenhormone gebildet werden. Vorläufige Ergebnisse von genetischen Untersuchungen legen nahe, dass Individuen, die in ihrer Schilddrüse nicht-funktionierende Rezeptorvarianten tragen, eher zu einer Hyperthyreose neigen. Über den biologischen Sinn einer solchen Hemmung der Schilddrüsen-Funktion durch Bitterstoffe kann bisher nur spekuliert werden. Denkbar sind ein verminderter Appetit, eine verlangsamte Aufnahme von Nahrung aus dem Darm und ein herabgesetzter Stoffwechsel

bei Bitterstoff-reicher Ernährung, um die Gefahr einer Vergiftung herabzusetzen. Interessant ist, dass zwei Liganden des T2R38, PROP und Thiamazol, als Medikamente bei Hyperthyreose eingesetzt werden. Neben der Bindung an T2R38 hemmen sie auch das Enzym, das Iod in Schilddrüsenhormone einbaut.

Bitterstoffe sind jedoch nicht prinzipiell gesund, wie oft behauptet wird. Sie schützen nicht vor Krebs oder Atherosklerose, verhindern keinen Diabetes oder Herzinfarkt. Gesunde sollten keine Medikamente oder anderen Gifte zu sich nehmen, denn ohne die Krankheit ist das Nutzen:Risiko-Verhältnis immer negativ. Und auch wenn Medikamente eine heilende Wirkung auf die Krankheit haben, hilft dies nicht, wenn der Mensch als Ganzes dabei stirbt. Wenn Sie also lesen, dass der ein oder andere Bitterstoff Krebszellen umbringt, dann ist das sicher richtig. Amygdalin aus Aprikosenkernen z. B. ist ein sehr effektives Gift, das im Darm oder zellulärem Stoffwechsel Cyanid, das Anion der Blausäure, freisetzt und dadurch vor allem die Zellatmung stoppt. Daran sterben auch Krebszellen – aber eben nicht nur diese. Es gibt ein eindeutig negatives Nutzen:Risiko-Verhältnis bei fehlendem klinischen Nutzen und hohem Risikopotenzial. Oder anders ausgedrückt, durch Amygdalin wird nicht nur der Tumor bekämpft, sondern gleich der ganze Mensch. Es kommt zu schweren Vergiftungen bis hin zu Todesfällen (Hübner 2015). Wenn also die Krankheitserreger oder die Krebszellen bei richtiger Dosierung mehr unter dem Gift leiden als der Rest des Körpers, dann haben wir ein Medikament, sonst ist und bleibt der Bitterstoff einfach nur ein Gift.

Dass Medikamente also meist bitter schmecken, lässt sich nicht verhindern. Dies hat aber zum Teil einen erheblichen negativen Einfluss auf die Bereitschaft von Patienten, diese Medikamente einzunehmen. Die Pharmaindustrie arbeitet schon seit langem an Möglichkeiten, den bitteren Geschmack zu maskieren (Chauhan R. 2017). Dabei ist bisher die Zugabe von Süßstoffen oder Zucker am einfachsten, denn chemische Modifikationen des bitteren Wirkstoffs oder Bindung an eine unlösliche Matrix verändern unweigerlich auch die Wirksamkeit und erfordern teure neue klinische Testreihen. Auch ein bitterer „Geschmack" im Darm kann die Wirksamkeit eines Medikaments herabsetzen, da der Darm Abwehrmechanismen aktiviert, um das Gift möglichst schnell aus dem Körper zu entfernen. Jeon et al. haben 2008 dazu eine interessante Entdeckung veröffentlicht: In Mäusen hängt die Empfindlichkeit des Darms gegenüber Bitterstoffen unter anderem auch vom Cholesterin-Gehalt der Nahrung ab. Mäuse, die wenig Cholesterin mit der Nahrung aufnehmen, regeln ihre Bitter-Rezeptoren hoch.

Die Forscher spekulieren, dass fehlendes Cholesterin, das nur in tierischer Nahrung zu finden ist, ein Hinweis auf die potenzielle Gefahr durch pflanzliche Gifte sein könnte: wenig Cholesterin = viel pflanzliche Nahrung = viele Gifte. Wenn die Daten auf Menschen übertragbar sind, dann könnte dies bedeuten, dass die Wirkung von Medikamenten auch von der Ernährung abhängt. Veganer oder Menschen, die mit Cholesterin-senkenden Medikamenten behandelt werden, bräuchten evtl. eine höhere Dosierung, um denselben Effekt eines Medikaments zu erreichen.

Was Sie aus diesem *essential* mitnehmen können

- Wenn wir uns einmal entschieden haben, etwas in den Mund zu nehmen, ist es der Geschmack, nicht das Aroma, der darüber entscheidet, ob und wie viel wir davon auch wirklich zu uns nehmen.
- Obwohl der Geschmackssinn schon seit Ende des 19. Jahrhunderts erforscht wird, sind noch viele Fragen ungeklärt. Vor allem sauer und salzig sind als Geschmacksrichtungen molekular und zellulär noch kaum verstanden.
- Schmecken können wir nur kleine Moleküle, die Bruchstücke der Makronährstoffe. Diese werden natürlicherweise im Mund durch längeres Kauen und Durchspeicheln freigesetzt, können aber auch schon vorher durch Verarbeiten der Nahrung wie Erhitzen oder Trocknen in der Sonne oder direkte Zugabe der Geschmacksmoleküle im Lebensmittel vorhanden sein.
- Der Mensch verfügt über mindestens sechs Geschmacksrichtungen: **süß, fettig** und **umami** zeigen die drei wichtigen Makronährstoffe Kohlenhydrate, Fett und Proteine an; **bitter** warnt uns vor Giften; **salzig** weist auf den Kochsalzgehalt der Nahrung hin und wird bei Bedarf des Körpers positiv empfunden; **sauer** ist als Geschmack nicht nur für Fruchtsäuren, sondern auch für CO_2 und den Wassergehalt zuständig.
- **Kokumi** als positiver Calcium-Geschmack wird für sich alleine nicht wahrgenommen, verstärkt aber die positiven Geschmacksempfindungen süß und umami.
- Das Geschmacksempfinden wird maßgeblich von **trigeminalen Reizen** moduliert. Zu diesen gehören das Temperaturempfinden, schmerzhaftes Säureempfinden und mechanische Verformung, die über Ionenkanäle auf freien Nervenendigungen vermittelt werden. Bestimmte chemische Moleküle können dieselben Ionenkanäle öffnen und so scharf, kühl, adstringiert und auch elektrisch prickelnd „schmecken".

© Springer Fachmedien Wiesbaden GmbH, ein Teil von Springer Nature 2019
P. Schling, *Der Geschmack,* essentials,
https://doi.org/10.1007/978-3-658-25214-4

53

- Lebensmittelchemiker suchen nach Molekülen, die „gesunde" Lebensmittel geschmacklich attraktiver machen. Dabei sollen positive Geschmacksrichtungen verstärkt und negative, vor allem Bitter, blockiert oder maskiert werden. Bis auf die Süßstoffe und einige wenige Bitterblocker sind hier noch keine bahnbrechenden Erfolge zu verbuchen. Das zeigt, wie schwierig es ist, unseren Geschmack zu täuschen.

- Magen und Darm nutzen das Geschmacksempfinden, um die Verdauung an die aufgenommene Nahrung optimal anzupassen und ein Sättigungsgefühl auszulösen. Im Körper können Geschmacksrezeptoren in einzelnen Organen helfen, die Nahrungsmoleküle sinnvoll zu verteilen. Körperoberflächen, die mit potenziell schädlichen Keimen in Kontakt kommen, haben den Bitter-Geschmack als Sensor für das angeborene Immunsystem umfunktioniert. So können Bakterien rechtzeitig aus der Nase abgenießt und Würmer aus dem Dickdarm ausgeschleimt werden.

Glossar

Adenosintriphosphat (ATP) Molekül, das viel chemische Energie enthält und innerhalb von Zellen als Energiewährung benutzt wird. Außerhalb von Zellen dient es als Botenstoff

Anion chemisches Teilchen mit negativer Gesamtladung

Enzym Protein, das eine spezielle chemische Reaktion beschleunigen kann

Epithel Zellschichten, die die Körperoberflächen bedecken

Exprimieren die genetische Information zu einem Protein nutzen, um das Protein herzustellen und zum richtigen Ort in der Zelle zu transportieren

Kation chemisches Teilchen mit positiver Gesamtladung

Ligand Molekül, das an einen Rezeptor spezifisch binden kann und diesen aktiviert

mM Abkürzung für millimolar = Millimol/Liter, eine gängige Konzentrationseinheit

Molekül chemischer Stoff, der aus mehreren Atomen besteht, die miteinander verbunden sind

Neurotransmitter Molekül, das von aktivierten Sinnes- oder Nervenzellen ausgeschüttet wird

Protein großes Polymer, das aus einzelnen Aminosäure-Molekülen aufgebaut ist

Rezeptor ein Protein oder Proteinkomplex, der Reize von außen an eine intrazelluläre Signalkette weiterleiten kann

© Springer Fachmedien Wiesbaden GmbH, ein Teil von Springer Nature 2019 55
P. Schling, *Der Geschmack,* essentials,
https://doi.org/10.1007/978-3-658-25214-4

Stimulus/stimulieren Reiz/reizen, aktivieren

Trigeminal vom Nervus trigeminus, einem Nervenstrang, der Informationen über Temperatur oder Schmerz von der Zunge und anderen Gesichtsregionen an den Hirnstamm weiterleitet (5. Hirnnerv, Drillingsnerv)

Vesikel kleine membranumhüllte „Bläschen" in Zellen, die vor allem dem Transport von Molekülen durch die Zelle und aus der Zelle nach außen dienen

Literatur

Albin KC, Simons CT (2010) Psychophysical evaluation of a sanshool derivative (alkyla-mide) and the elucidation of mechanisms subserving tingle. PLoS ONE 5(3):e9520

Amino Y, Nakazawa M, Kaneko M, Miyaki T, Miyamura N, Maruyama Y, Etoa Y (2016) Structure–CaSR–activity relation of kokumi γ-glutamyl peptides. Chem Pharm Bull 64:1181–1189

Baldwin MW, Toda Y, Nakagita T, O'Connell TMJ, Klasing KC, Misaka T, Edwards SV, Liberles SD (2014) Evolution of sweet taste perception in hummingbirds by transfor-mation of the ancestral umami receptor. Science 345(6199):929–933

Bandell M, Macpherson LJ, Patapoutain A (2007) From chills to chilis: mechanisms for thermoregulation and chemesthesis via thermoTRPs. Curr Opin Neurobiol 17:490–497

Behrens M, Meyerhof W, Hellfritsch C, Hofmann T (2011) Sweet and umami taste: natural products, their chemosensory targets, and beyond. Angew Chem Int Ed 50:2220–2242

Behrens M, Blank K, Meyerhof W (2017) Blends of non-caloric sweeteners saccharin and cyclamate show reduced off-taste due to TAS2R bitter receptor inhibition. Cell Chem Biol 24:1199–1204

Bennett SM, Zhou l, Hayes JE (2012) Using milk fat to reduce the irritation and bitter taste of ibuprofen. Chemosens Percept 5(3–4):231–236

Boesvelt S, de Graaf K (2017) The differential role of smell and taste for eating behavior. Perception 46(3–4):307–319

Bouchard B, Lisney TJ, Campagna S, Célériera A (2017) Do bottlenose dolphins display behavioural response to fish taste? Appl Anim Behav Sci 194:120–126

Chaudhari N, Roper SD (2010) The cell biology of taste. J Cell Biol 190(3):285–296

Chauhan R (2017) Taste masking: a unique approach for bitter drugs. J stem cell Bio trans-plant 1(2):12

Clark AA, Dotson CD, Elson AET, Voigt A, Boehm U, Meyerhof W, Steinle NI, Munger S (2015) TAS2R bitter taste receptors regulate thyroid function. FASEB J 29:164–172

DKFZ (2016) Magenkrebs: Risikofaktoren und Auslöser. Krebsinformationsdienst, Deut-sches Krebsforschungszentrum. www.krebsinformationsdienst.de/tumorarten/magen-krebs/risikofaktoren.php. Zugegriffen: 23. Okt. 2018

effa (2018) Discover the world of flavourings. European Flavour Association. http://effa.eu/flavourings/world-of-flavourings. Zugegriffen: 17. Okt. 2018

Fahlberg C (1886) The inventor of saccharine. Am Sci 55(3):36

© Springer Fachmedien Wiesbaden GmbH, ein Teil von Springer Nature 2019   57
P. Schling, *Der Geschmack,* essentials,
https://doi.org/10.1007/978-3-658-25214-4

Faßbender W (2018) Sellerie – Tolle Knolle. ZEIT-online. https://www.zeit.de/zeit-maga-zin/essen-trinken/2018-05/sellerie-image-wandel-rezepte-gastronomie/komplettansicht. Zugegriffen: 16. Okt. 2018

Goldstein E (1954) Vergiftung durch gegrünten Dosenspinat. Fette, Seifen, Anstrichmittel 56(2):109–110

Goodsell D (2016) Monellin and other supersweet proteins trick our taste receptors. RCSB PDP-101 molecule of the month. https://10.2210/rcsb_pdb/mom_2016_7. Zugegriffen: 12. Okt. 2018

Han P, Bagenna B, Fu M (2018) The sweet taste signalling pathways in the oral cavity and the gastrointestinal tract affect human appetite and food intake: a review. J Food Sci Nut, Int. https://doi.org/10.1080/09637486.2018.1492522

Hübner J (2015) Stellungnahme der Arbeitsgemeinschaft Prävention und Integrative Onko-logie (PRIO) in der Deutschen Krebsgesellschaft zu Vitamin B17 (Amygdalin) https://www.krebsgesellschaft.de/deutsche-krebsgesellschaft/klinische-expertise/wissenschaft-liche-stellungnahmen.html. Zugegriffen: 24. Okt. 2018

Jeon T-I, Zhu B, Larson JL, Osborne TF (2008) SREBP-2 regulates gut peptide secretion through intestinal bitter taste receptor signaling in mice. J. Clin. Invest. 118:3693–3700

Kandel C, Schmidt P, Perniss A, Keshavarz M, Scholz P, Osterloh S, Althaus M, Kum-mer W, Deckmann K (2018) ENaC in cholinergic brusch cells. Front Cell Dev Biol 6, https://doi.org/10.3389/fcell.2018.00089

Kaufmann J (2016) Mythenjagd (1): Bio bedeutet ungespritzt. Salonkolumnisten. http://www.salonkolumnisten.com/mythenjagd-1-bio-bedeutet-ungespitzt/. Zugegriffen: 23. Okt. 2018

Klotter C (2016) Identitätsbildung über Essen. *essentials*. Springer Fachmedien, Wiesbaden. http://10.1007/978-3-658-13309-2_3

Kojima I, Medina J, Nakagawa Y (2017) Role of the glucose-sensing receptor in insulin secretion. Diab Obes Metab 19(Suppl. 1):54–62

Lee RJ, Cohen NA (2014) Bitter and sweet taste receptors in the respiratory epithelium in health and disease. J Mol Med 92:1235–1244

Lewandowski BC, Sukumaran SK, Margolskee RF, Bachmanov AA (2016) Amiloride-in-sensitive salt taste is mediated by two populations of type III taste cells with distinct transduction mechanisms. J Neurosci 36(6):1942–1953

Lu P, Zhang C-H, Lifshitz LM, ZhuGe R (2017) Extraoral bitter taste receptors in health and disease. J Gen Physiol 149(2):181–197

Martin RA (2010) ReefQuest centre for shark research. http://www.elasmo-research.org/education/white_shark/sensory_bio.htm. Zugegriffen: 24. Okt. 2018

Molteri M (2016) A magical mushroom powder blocks bitterness in food. Wired https://www.wired.com/2016/08/magical-mushroom-powder-blocks-bitterness-food/. Zugegriffen: 15. Okt. 2018

Neukamm M (2014) Der Evolutionsbeweis in unserem Blut. http://evobioblog.de/der-evolutionsbeweis-unserem-blut/. Zugegriffen: 9. Okt. 2018

Reed DR, Xia MB (2015) Recent advances in fatty acid perception and genetics. Adv Nutr 6:353S–360S

Riedel K, Sombroek D, Fiedler B, Siems K, Krohn M (2017) Human cell-based taste perception – a bittersweet job for industry. Nat Prod Rep 34:484–495

Ritzer J, Miesler T, Meinel L (2017) Bioresponsive Diagnostik – die Zunge als Detektor oraler Entzündungen. BIOspektrum 7(17):782–784

Robert Koch-Institut (2017) Magenkrebs (Magenkarzinom). Zentrum für Krebsregisterdaten. https://www.krebsdaten.de/Krebs/DE/Content/Krebsarten/Magenkrebs/magenkrebs_node.html. Zugegriffen: 23. Okt. 2018

Roper SD (2014) TRPs in taste and chemesthesis. Handb Exp Pharmacol 223:827–871

Rozin P, Schiller D (1980) The nature and acquisition of a preference for chili pepper by humans. Motivation and Emotion 4(7):77–101

Schaumburg HH, Byck R, Gerstl R, Mashman JH (1969) Monosodium L-glutamate: its pharmacology and role in the Chinese restaurant syndrome. Science 163:826–828

Schöbel N, Radtke D, Kyereme J, Wollmann N, Cichy A, Obst K, Kallweit K, Kletke O, Minovi A, Dazert S, Wetzel CH, Vogt-Eisele A, Gisselmann G, Ley JP, Bartoshuk LM, Spehr J, Hofmann T, Hatt H (2014) Astringency is a trigeminal sensation that involves the activation of G protein-coupled signaling by phenolic compounds. Chem Senses 39:471–487

Shaik FA, Singha N, Arakawaa M, Duana K, Bhullara RP, Chelikania P (2016) Bitter taste receptors: extraoral roles in pathophysiology. Int J Biochem & Cell Biol 77:197–204

Smallwood K (2016) Do sharks really not Like how humans taste? Today I found out http://www.todayifoundout.com/index.php/2016/07/sharks-actually-like-taste/. Zugegriffen: 24. Okt. 2018

Starz S (2017) Produkttest: Naturjoghurt im Falstaff-Check. Falstaff 01/2017 https://www.falstaff.at/nd/produkttest-naturjoghurt-im-falstaff-check/. Zugegriffen: 24. Okt. 2018

Steensels S, Depootere I (2018) Chemoreceptors in the gut. Annu Rev Physiol 80:117–141

Ueda Y, Sakaguchi M, Hirayama K, Miyajima R, Kimizuka A (1990) Characteristic flavor constituents in water extract of garlic. Agric Biol Chem 54(1):163–169

Zocchi D, Wennemuth G, Oka Y (2017) The cellular mechanism for water detection in the mammalian taste system. Nature Neurosci 20(7):927–935

Printed in the United States
By Bookmasters